21 世纪高职高专电子信息类实用规划教材

SMT 生产实训
(第 2 版)

王玉鹏　彭　琛　主　编

周　祥　郝秀云　副主编
舒平生　吴金文

U0214166

清华大学出版社

北　京

内 容 简 介

本书以 SMT 生产工艺为主线，以"理论知识+实践项目"的方式组织教材内容，主要介绍了 SMT 基本工艺流程、表面组装元器件、焊锡膏、模板、表面组装工艺文件、静电防护、5S 管理、表面组装印刷工艺、表面贴装工艺、回流焊接工艺、表面组装检测工艺、表面组装返修工艺以及 SMT 设备的维护与保养等内容。

本书可作为高等职业院校或中等职业学校 SMT 专业或电子制造工艺专业的教材，也可作为 SMT 专业技术人员与电子产品设计制造工程技术人员的参考用书。

图书在版编目(CIP)数据

SMT 生产实训/王玉鹏，彭琛主编. —2 版. —北京：清华大学出版社，2019（2024.7 重印）
（21 世纪高职高专电子信息类实用规划教材）
ISBN 978-7-302-51261-5

Ⅰ. ①S… Ⅱ. ①王… ②彭… Ⅲ. ①SMT 技术—高等职业教育—教材 Ⅳ. ①TN305

中国版本图书馆 CIP 数据核字(2018)第 213837 号

责任编辑：刘秀青
装帧设计：李　坤
责任校对：张彦彬
责任印制：丛怀宇

出版发行：清华大学出版社
　　　　网　　址：https://www.tup.com.cn, https://www.wqxuetang.com
　　　　地　　址：北京清华大学学研大厦 A 座　　　　邮　　编：100084
　　　　社 总 机：010-83470000　　　　　　　　　　邮　　购：010-62786544
　　　　投稿与读者服务：010-62776969, c-service@tup.tsinghua.edu.cn
　　　　质量反馈：010-62772015, zhiliang@tup.tsinghua.edu.cn
　　　　课件下载：https://www.tup.com.cn, 010-62791865
印 装 者：三河市龙大印装有限公司
经　　销：全国新华书店
开　　本：185mm×260mm　　　印　张：17　　　字　数：419 千字
版　　次：2012 年 2 月第 1 版　2019 年 1 月第 2 版　印　次：2024 年 7 月第 7 次印刷
定　　价：49.00 元

产品编号：077001-01

第 2 版前言

本书自第 1 版发行后，深受高职院校 SMT 专业老师和学生的欢迎，被多所高职院校选作了专业教材。在第 1 版的基础上，本书第 2 版融入了近年来 SMT 的新技术、新发展、新应用及编者多年的教学经验，更换了实训项目中的实训产品，更换了 SMT 生产实训中使用的部分设备。本次修改仍遵循第 1 版的编写思想，按照"以 SMT 生产工艺为主线，以理论与实践相结合为原则，以 SMT 岗位职业技能培养为重点"的思路进行编写，将理论、实践、实训内容融为一体，形成"教、学、做"一体化的教材。

与第 1 版相比，本版主要做了以下变动。

(1) 第 5 章更新了表面组装工艺文件，根据实训产品的组装要求，编写了 TY-58A 贴片型插卡音箱组装的工艺文件。

(2) 第 8 章更新了日立 NP-04LP 印刷机的应用实例，根据贴片型插卡音箱主板要求，重新设定了日立 NP-04LP 印刷机的参数。

(3) 第 9 章更新了 JUKI KE-2060 贴片机的应用实例。

(4) 第 10 章更换了回流焊接工艺使用的设备，将原来的劲拓 NS-800 回流焊炉更换为浩宝 HS-0802 无铅焊接热风回流焊炉，并更新了回流焊炉的操作方法和回流焊炉的应用实例。根据实训产品的要求，重新给定了回流焊炉的温度参数。

(5) 附录 A 将实训产品由 HX-203 调频调幅收音机更换为 TY-58A 贴片型插卡音箱，并根据实训产品的特点，更新了实训产品的实训步骤及要求，更新了实训产品的介绍。

本书第 2 版由南京工业大学浦江学院王玉鹏、南京信息职业技术学院彭琛任主编，苏州工业园区职业技术学院周祥、南京信息职业技术学院郝秀云、南京信息职业技术学院舒平生、南京工业大学浦江学院吴金文任副主编，南京工业大学浦江学院王婧参与了编写。其中王玉鹏编写第 1～5 章、第 9 章及附录，舒平生编写第 6 章，郝秀云编写第 7 章和第 8 章，彭琛编写第 10 章，王婧编写第 11 章，吴金文编写第 12 章，周祥编写第 13 章，全书由王玉鹏负责统稿。

由于编者水平、经验有限，书中难免存在疏漏之处，敬请读者在阅读与使用过程中提出宝贵意见，以便及时改正。

编　者

第 1 版前言

表面组装技术(SMT)的迅速发展和普及彻底变革了传统电子电路组装的概念，为电子产品的微型化、轻量化创造了组装基础条件，在当代信息产业的发展中起到了独特的作用，成为当代制造电子产品的必不可少的技术之一，是先进电子制造技术中的重要组成部分。目前，SMT 已广泛应用于我国各行各业的电子产品组件和器件的组装中。随着半导体元器件技术、材料技术等相关技术的飞速进步，SMT 的应用面还在不断扩大，其技术还在不断完善和深化发展之中。与这种发展现状和趋势相对应，近年来，我国电子制造业对掌握 SMT知识的专业技术人才的需求量也越来越大。

SMT 包含表面组装元器件、电路基板、组装材料、组装设计、组装工艺、组装设备、组装质量检验与测试、组装系统控制与管理等多项技术，是一门新兴的综合型工程科学技术。要掌握这样一门综合型工程技术，必须经过系统的基础知识和专业知识的学习和培训。

南京信息职业技术学院为满足 SMT 方面的人才需求，率先在高职院校开设 SMT 专业，为社会培养 SMT 新型人才。SMT 专业教研室的教师总结多年的教学经验和实践体会，编写了本书。

本书在编写过程中力求体现以下特色。

● 本书按照"以 SMT 生产工艺为主线，以理论与实践相结合为原则，以 SMT 岗位职业技能培养为重点"的思路进行编写，使学生的知识(应知)、技能(应会)、情感态度(职业素养)更贴近职业岗位要求。

● 本书内容突出 SMT 新标准，将 IPC 标准(《IPC9850 表面贴装设备性能检测方法》《IPC7721 电子组装件的返工标准》《IPC-A-610D 电子组件的可接受性条件》等)融入教材中，贴近企业，便于学生考取相应的职业资格证书。

● 本书将理论、实践、实训内容融为一体，形成"教、学、做"一体化的教材，有利于学生"学中看，看中学，学中干，干中学"。

● 本书通过一个混装(既有表面组装又有通孔插装)电子产品在生产线的全过程组装生产，训练学生 SMT 方面的实践操作技能。

本书由南京信息职业技术学院王玉鹏、彭琛任主编，周祥、郝秀云、舒平生、吴金文任副主编，全书由舒平生负责统稿。在编写本书的过程中，得到了江苏南极星科技有限公司的大力支持，江苏南极星科技有限公司的胡毓晓和稽玉琴参与了部分章节的编写，潘健美参与了文稿的计算机录入工作，在此一并表示感谢。

由于编者水平、经验有限，书中难免存在错误及不妥之处，敬请读者在阅读与使用过程中提出宝贵意见，以便及时改正。

编　者

目 录

21世纪高职高专电子信息类实用规划教材

第 1 章

SMT 基本工艺流程

教学导航

教学目标

- 掌握 SMT 的定义。
- 掌握 SMT 的特点。
- 了解 SMT 的组成。
- 掌握 SMT 的基本工艺流程。

知识点

- SMT 的定义。
- SMT 的特点。
- SMT 的组成。
- SMT 的基本工艺流程。

难点与重点

- SMT 的特点。
- 单面混合组装流程。
- 双面混合组装流程。

学习方法

- 结合 SMT 实训工厂中的生产线进行学习。
- 针对特定产品，练习编制相应的工艺流程。

1.1　SMT 的定义

SMT 是英文 Surface Mounting Technology 的缩写，其中文意思是表面组装技术。它是相对于传统的 THT(Through-Hole Technology，通孔插装技术)而发展起来的一种新的组装技术，如图 1-1 所示。

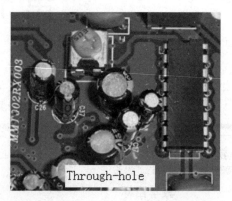

图 1-1　SMT 和 THT 组装图

1.2　SMT 的特点

SMT 具有下列几个特点。

(1)　高密度。

(2)　高可靠。

(3)　低成本。

(4)　小型化。

(5)　生产的自动化。

THT(通孔插装技术)和 SMT(表面组装技术)的特点对比如表 1-1 所示。

表 1-1　THT 和 SMT 的特点对比

类　型	THT	SMT
元器件	双列直插或 DIP 针阵列 PGA 有引线电阻、电容	SOIC，SOT，SSOIC，LCCC，PLCC，QFP，PQFP，片式电阻、电容
基板	2.54mm 网格 0.8～0.9mm 通孔	1.27 mm 网格或更细 0.5 mm 网格或更细
焊接方法	波峰焊	回流焊
面积	大	小，缩小比约 1∶3～1∶10
组装方法	穿孔插入	表面组装
自动化程度	自动插件机	自动贴片机，效率高

1.3 SMT 的组成

SMT 的组成如图 1-2 所示。

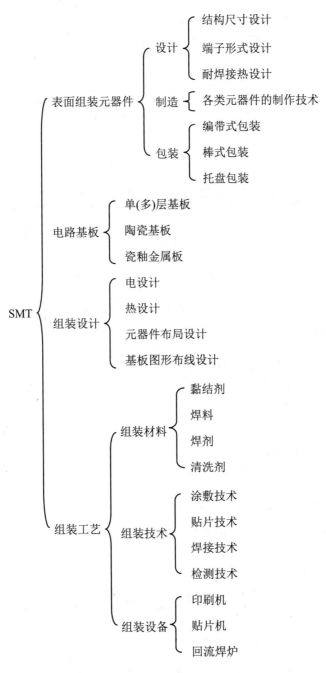

图 1-2 SMT 的组成

1.4 SMT 的基本工艺流程

1．单面全表面组装流程

单面全表面组装的特点和适用场合如下。

(1) 所有元器件均放在 PCB 的一面，组装密度高。

(2) 主要用于元器件数量多但种类不多的电路中。

(3) 可以减少印刷焊锡膏和回流焊的次数，缩短生产周期，降低成本。

工序：备料→印刷焊锡膏→贴装元器件→回流焊接→清洗→检测。

单面全表面组装流程如图 1-3 所示。

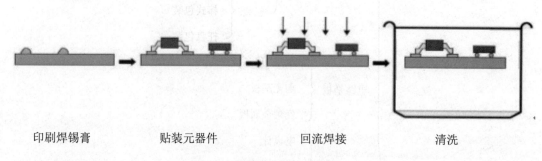

印刷焊锡膏　　　　　贴装元器件　　　　　回流焊接　　　　　清洗

图 1-3　单面全表面组装流程

2．双面全表面组装流程

双面全表面组装的特点和适用场合如下。

(1) A 面布有大型 IC 器件。

(2) B 面以片式组件为主。

(3) 充分利用 PCB 空间，实现安装面积最小化，工艺控制复杂，要求严格。

(4) 常用于密集型或超小型电子产品，如手机。

工序：备料→印刷焊锡膏→贴装元器件→回流焊接→翻板→印刷焊锡膏→贴装元器件→回流焊接→清洗→检测。

双面全表面组装流程图如图 1-4 所示。

(1) 通常先做 B 面，如图 1-4(a)所示。

(2) 再做 A 面，如图 1-4(b)所示。

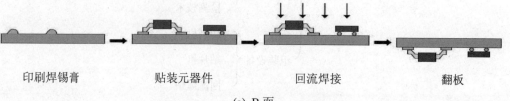

印刷焊锡膏　　　　　贴装元器件　　　　　回流焊接　　　　　翻板

(a) B 面

图 1-4　双面全表面组装流程图

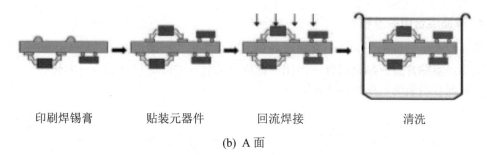

印刷焊锡膏　　　　贴装元器件　　　　回流焊接　　　　清洗

(b) A 面

图 1-4　双面全表面组装流程图(续)

3. 双面混合组装流程

双面混合组装多用于消费类电子产品的组装。

工序：备料→印刷焊锡膏(顶面)→贴装元器件→回流焊接→翻板→点贴片胶(底面)→贴装元器件→固化→翻板→插装元器件→波峰焊接→清洗→检测。

双面混合组装流程图如图 1-5 所示。

(1) 先做 A 面，如图 1-5(a)所示。

(2) 再做 B 面，如图 1-5(b)所示。

(3) 插装通孔元器件后再过波峰焊，如图 1-5(c)所示。

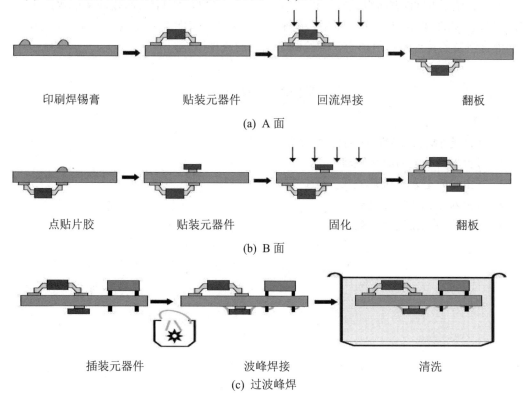

印刷焊锡膏　　　　贴装元器件　　　　回流焊接　　　　翻板

(a) A 面

点贴片胶　　　　贴装元器件　　　　固化　　　　翻板

(b) B 面

插装元器件　　　　波峰焊接　　　　清洗

(c) 过波峰焊

图 1-5　双面混合组装流程图

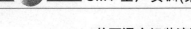
4. 单面混合组装流程

单面混合组装价格低廉，但要求设备多，难以实现高密度组装。

工序：点贴片胶→贴元器件→固化→翻板→插装→波峰焊接→清洗→固化。

单面混合组装流程图如图 1-6 所示。

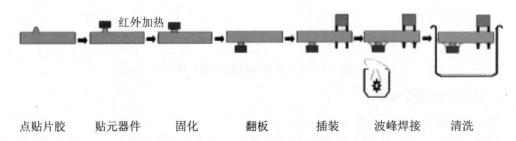

| 点贴片胶 | 贴元器件 | 固化 | 翻板 | 插装 | 波峰焊接 | 清洗 |

图 1-6　单面混合组装流程图

本 章 小 结

本章介绍了 SMT(表面组装技术)的定义，分析了 SMT 和 THT(通孔插装技术)各自的特点，阐明了 SMT 的组成，最后介绍了单面全表面组装、双面全表面组装、双面混合组装和单面混合组装的特点及适用场合，并绘制了相应的流程图。

思考与练习

1. 什么是 SMT? SMT 与 THT 相比有何特点?
2. 写出单面全表面组装流程。
3. 写出双面全表面组装流程。
4. 写出双面混合组装流程。
5. 写出单面混合组装流程。

21世纪高职高专电子信息类实用规划教材

第 2 章

表面组装元器件

教学目标

- 掌握贴片元件公制、英制尺寸转换的方法。
- 掌握贴片元件的命名方法。
- 了解贴片元件的封装形式。
- 掌握 SMT 器件各种封装形式的特点。
- 了解常见插装元器件的特点。

知识点

- 贴片元件公制、英制尺寸的转换。
- SOT、PLCC、QFP、BGA 等封装形式的特点。
- 贴片元器件的分类。
- 贴片元器件符号归类。
- 贴片芯片干燥通用工艺。
- 贴片芯片烘烤通用工艺。
- 插装元器件。

难点与重点

- 对贴片元器件的命名的理解。
- 元器件第一引脚的识别方法。
- QFP、BGA 等封装形式的特点。
- 贴片芯片干燥通用工艺。

学习方法

- 结合各种贴片元器件的实物来理解各类元器件的特点。
- 到元器件生产厂家网站查询各种元器件的参数和特性。

2.1 常见的贴片元器件

1. CHIP 元件

CHIP 元件一般是指贴片电阻和贴片电容。

1) 电阻、电容的发展过程

由插件的物料转变为贴片的物料，电阻、电容在外形上发生了很大的变化。电阻、电容的演变如图 2-1 所示。

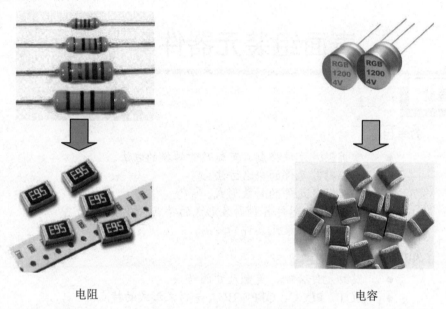

电阻 电容

图 2-1 电阻、电容的演变

2) CHIP 元件的封装

(1) 贴片电阻。

贴片电阻的结构如图 2-2 所示。

21世纪高职高专电子信息类实用规划教材

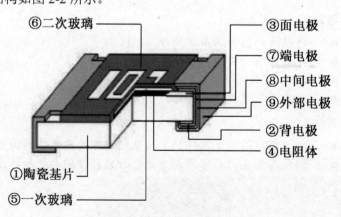

⑥二次玻璃　　　　　　　　③面电极
　　　　　　　　　　　　　⑦端电极
　　　　　　　　　　　　　⑧中间电极
　　　　　　　　　　　　　⑨外部电极
　　　　　　　　　　　　　②背电极
　　　　　　　　　　　　　④电阻体
①陶瓷基片
⑤一次玻璃

图 2-2 贴片电阻的结构

贴片电阻以尺寸的 4 位数编号命名封装。美国用英制，日本用公制，我国两种都使用。贴片电阻的尺寸如图 2-3 所示，其公制和英制尺寸转换如表 2-1 所示。

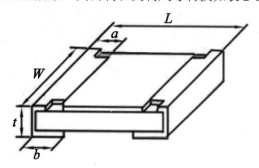

图 2-3　贴片电阻的尺寸

表 2-1　贴片电阻的公制和英制尺寸转换

封装代码		尺寸($L\times W$)	
英制	公制	英制(in×in)	公制(mm×mm)
0402	1005	0.04×0.02	1.0×0.5
0504	1210	0.05×0.04	1.2×1.0
0603	1508	0.06×0.03	1.5×0.8
0805	2012	0.08×0.05	2.0×1.2
1005	2512	0.10×0.05	2.5×1.2
1206	3216	0.12×0.06	3.2×1.6
1210	3225	0.12×0.10	3.2×2.5
1812	4532	0.18×0.12	4.5×3.2
2225	5664	0.22×0.25	5.6×6.4

贴片电阻各个厂家的命名方法如表 2-2 和表 2-3 所示。

表 2-2　国巨公司常规贴片电阻命名方法

	XXXX	X	X	X	XX	XXXX	L
RC	封装 0201 0402 0603 0805	精度 F=1% J=5%	包装 R=纸编带	温度系数 -=参见规格 说明书	编带大小 07=7 英寸 10=10 英寸 13=13 英寸	阻值 例如：5R6 56R 560R 56K	终端类型 L=无铅

例如，RC0402FR-0756RL 表示封装 0402 精度 1%，纸编带包装 7 英寸，56Ω无铅产品

表2-3 风华公司常规贴片电阻命名方法

	X	XX	X	XXXX	X	X
R	额定功率 C=常规功率 S=提升功率	封装 01=0201 02=0402 03=0603 05=0805 06=1206	温度系数 W=200 ppm U=400 ppm K=100 ppm L=250 ppm	阻值标识 例如：5R6 5601 562 1004	精度 D=0.5% F=1% J=5%	包装 T=编带包装 B=塑料盒包装 C=塑料袋散装

例如，RC03L5601FT 表示常规功率，封装 0603，250 ppm，5.6kΩ，精度 1%，编带包装

(2) 贴片电容。

① 片式多层陶瓷电容(MLCC)。

通常我们所说的贴片电容是指片式多层陶瓷电容(Multilayer Ceramic Capacitors，MLCC)，又称为独石电容，如图 2-4 所示。其特点如下。

- 具有小体积、大容量、Q 值高、高可靠性、耐高温等优点。
- 具有容量误差较大、温度系数很高等缺点。
- 一般用在噪声旁路、滤波器、积分电路、振荡电路中。
- 常规贴片电容按材料分，有 COG(NPO)、X7R、Y5V。
- 常见引脚封装有：0201、0402、0603、0805、1206、1210、1812、2010。
- 片式多层陶瓷电容(MLCC)是由平行的陶瓷材料和电极材料层叠而成，其基本结构如图 2-5 所示。

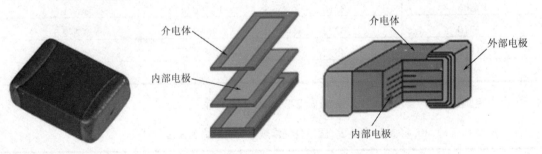

图 2-4 MLCC   图 2-5 片式多层陶瓷电容基本结构

② 贴片钽电解电容器。贴片钽电解电容器如图 2-6 所示。其优缺点如下。

- 体积小。由于贴片钽电容采用了颗粒很细的钽粉，而且贴片钽氧化膜的介电常数ε比铝氧化膜的介电常数高，因此，贴片钽电容单位体积内的电容量大。

- 使用温度范围宽，耐高温。由于贴片钽电容内部没有电解液，很适合在高温下工作。一般贴片钽电解电容器都能在-50～100℃的温度下正常工作。虽然铝电解电容也能在这个温度范围内工作，但电性能远远不如贴片钽电容。

图 2-6 贴片钽电解电容器

21世纪高职高专电子信息类实用规划教材

- 寿命长、绝缘电阻高、漏电流小。贴片钽电容中钽氧化膜介质不仅耐腐蚀，而且长时间工作能保持良好的性能。
- 容量误差小。
- 等效串联电阻(ESR)小，高频性能好。
- 缺点：耐电压不够高，电流小。

(3) 阻容组件标称值识别方法。阻容组件标称值的具体识别方法如表 2-4 所示。

表 2-4　阻容组件标称值识别方法

电　阻		电　容	
标印值	电阻值	标印值	电阻值
2R2	2.2Ω	0R5	0.5pF
5R6	5.6Ω	010	1 pF
102	1kΩ	110	11 pF
682	6800Ω	471	470 pF
333	33kΩ	332	3300 pF
104	100kΩ	223	22000 pF
564	560kΩ	513	51000 pF

(4) 矩形贴片组件的发展趋势有以下几点。

① 不断微型化。

② 新的革新技术可能出现。

③ 日本技术领先微型化。

④ 0201 组装已经成熟，现在正向 01005 方向发展。

3) 其他形式的封装

(1) MELF 金属端柱形封装。

MELF 是 Metal Electrode Face Bonded 的缩写，金属端柱形封装的外形如图 2-7 所示。它常用于电阻和二极管的封装，也可用于电容的封装。

二极管的封装名为 SOD80、SOD87 等。

常用尺寸：2mm×1.25mm(Mini-melf)、3.5mm×1.4mm(Mini-melf)、5.9mm×2.2mm(Mini- melf)。

优点：便宜、高压、高温、能做低电阻值(0.1Ω)、准确度较好。

图 2-7　金属端柱形封装

缺点：组装时可能会滚动，标准化不够完整。

(2) 电阻排封装形式。

电阻排封装形式采用 LCCC(Leadless Ceramic Chip Carrier，无引线陶瓷芯片载体)式多端接点，如图 2-8 所示。端点间距 p 一般为 0.8mm 和 1.27mm，外形采用标准矩形件 0603、0805、1206 尺寸，如图 2-9(a)所示；也有采用新的 SIP(Single In-line Package，单列直插封装)不固定长度的封装，如图 2-9(b)所示；也可采用和 SOIC(Small Qutline Integrated Circuit，小外形集成电路)相同的封装，如图 2-9(c)所示。

(3) 圆形封装形式。

该封装形式的特点如下。

① 缺乏规范，且尺寸种类繁多，铝电解电容的外观如图 2-10 所示。

② 对焊接的高温较敏感。

③ 不适合波峰焊接工艺。

④ 对卤化物(清洁溶剂)较敏感。

⑤ 组装工艺较难(贴片和回流)。

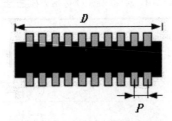

图 2-8　电阻排封装形式

(a) 矩形封装　　　　　　　(b) SIP 封装　　　　　　　(c) SOIC 封装

图 2-9　电阻排的其他封装形式

图 2-10　圆形封装形式——铝电解电容

(4) 电感的封装。

贴片电感分为绕线电感和叠层电感两种形式，其外观如图 2-11 所示。

绕线电感　　　　　　　　　　　　　　　叠层电感

图 2-11　绕线电感和叠层电感

21世纪高职高专电子信息类实用规划教材

绕线电感和叠层电感的特点主要有以下几点。

① 缺乏规范。

② 包括垂直绕式和水平绕式。

③ 较经济。

④ 有些贴装较困难。

(5) 其他无源 SMD(Surface Mounted Devices，表面贴装器件)组件的封装。

其他无源 SMD 组件的封装包括贴片变压器、贴片开关、贴片振荡器、贴片 LED 等形式，如图 2-12 所示。

贴片变压器　　　　　　　　　　　　　贴片开关

贴片振荡器　　　　　　　　　贴片 LED

图 2-12　其他无源 SMD 组件的封装

4) CHIP 元件的检测

(1) 外观检查。

① 用裸眼目视检查，如须确定缺陷，可用 10 倍显微镜检查。

② 参照检测项目"(3)"中所列的 CHIP 元件常见不良类型检查来料是否不良。

(2) 记录。将检查结果记录在《供应商来料检验检查表》中。

(3) CHIP 元件常见不良类型如下。

① 标记模糊/缺失标记/错误标记。

② 破损。

③ 焊端断裂。

④ 焊端氧化、镀层不良。

⑤ 尺寸、包装不对，包装损坏。

2. 小外形封装晶体管(SOT)

1) 小功率晶体管的封装

小功率晶体管的封装如图 2-13 所示。

SOT-23   SOT-143   SOT-25

图 2-13   小功率晶体管的封装

2) 中功率晶体管的封装

中功率晶体管的封装如图 2-14 所示。

SOT-89   DPAK

图 2-14   中功率晶体管的封装

3) 大功率晶体管的封装

大功率晶体管的封装如图 2-15 所示。

4) 二极管的封装

二极管的封装如图 2-16 所示。

SOT-223   SOD-123

图 2-15   大功率晶体管的封装   图 2-16   二极管的封装

5) 晶体管的检测

(1) 外观检查。

① 用裸眼目视检查,如须确定缺陷,可用 10 倍显微镜检查。

② 参照检测项目"(4)"中所列的晶体管常见不良类型检查来料是否不良。

(2) 测试。用万用表检查二极管的单向导通和三极管的放大倍数。

(3) 记录。

① 将检查结果记录在《供应商来料检验表》中。

② 将测量结果记录在《IQA 检查数值表》中。

(4) 晶体管常见不良类型。

① 标记模糊/缺失标记/错误标记。

② 破损。

③ 引脚变形、弯曲、断裂。

④ 引脚/末端氧化、镀层不良。

⑤ 尺寸、包装不对，包装损坏。

3. 集成电路(IC)

1) 集成电路的封装

集成电路的封装由插件组件发展到贴片组件，其过程发展快速，种类繁多，下面主要介绍其中几种。

(1) LCCC(Leadless Ceramic Chip Carrier，无引线陶瓷芯片载体)封装。其特点如下。

- 结构坚固，没有引脚附带的问题。LCCC 封装形式的外观如图 2-17 所示。

- 多用于高温环境、军用和航天工业。

- 16～156 引脚，多采用标准 1.27mm 间距。

图 2-17　LCCC 封装

(2) PLCC(Plastic Leaded Chip Carrier，有引线芯片载体)封装。其特点如下。

- 外形呈正方形，四周都有引脚，外形尺寸比 DIP(Dual In-Line Package，双列直插式封装)小得多。PLCC 封装形式的外观如图 2-18 所示。

PLCC 封装

PLCC 封装底部

PLCC 封装的 IC 插座

PLCC 封装的主板 BIOS 芯片

图 2-18　PLCC 封装

- 具有外形尺寸小、可靠性高的优点，现在大部分主板的 BIOS 都采用这种封装形式。

- 引脚中心距采用标准 1.27mm 式，引脚数目为 18～84。

● J 型引脚不易变形，比 QFP(Quad Flat Package，方形扁平封装)容易操作，但焊接后的外观检查困难。

(3) SOIC(Small Outline Integrated Circuit，小外形集成电路)封装。

SOIC 指引脚数不超过 28 条的小外形集成电路，一般有宽体和窄体两种封装形式。SOIC 封装如图 2-19 所示。

图 2-19　SOIC 封装

(4) SOJ(Small Out-Line J-Lead，小外形 J 形引脚)封装。其特点如下。

● 从体形上看可看成是采用 J 形引脚的 SOIC 系列。SOJ 封装形式的外观如图 2-20 所示。

● 引脚数目为 16～40。

● 结构比 SOP 坚固。

SOJ　　　　　　　　　　　　　　SOJ 底座

图 2-20　SOJ 封装

2) 集成电路中的 QFP 组件封装

(1) QFP(Quad Flat Package，方形扁平封装)。其优缺点如下。

● 优点：①4 边引脚，有较高的封装率，QFP 封装形式的外观如图 2-21 所示；②能提供微间距，极限间距为 0.3mm。

● 缺点：①工艺要求高；②附带翼型引脚问题，尤其是在微间距应用上。

(2) TQFP(Thin Quad Flat Package，扁方形扁平封装)。其特点如下。

● 为扁平的 QFP。TQFP 封装形式的外观如图 2-22 所示。

● 厚度由 QFP 的 1.5～4.1mm 降至 TQFP 的 1～1.4mm。

- 名称缺乏规范，TQFP、SQFP(Shrink Quad Flat Package，缩小型 QFP)和 VQFP(Very Thin Quad Flat Package，甚小型 QFP 封装)有时候通用。有时把 1mm 厚的 TQFP 称为 TTQFP。
- 间距一般没有 1mm，只能达到 0.8mm。

 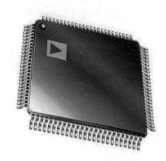

图 2-21　QFP 封装　　　　　　　　　图 2-22　TQFP 封装

(3) BQFP(Bumped Quad Flat Package，凸台、方形扁平封装)。其特点如下。

- 采用美国 JEDEC 标准，尺寸只用英制。
- 在封装本体的 4 个角设置凸起(缓冲垫)，以防止在运送过程中引脚发生弯曲变形。BQFP 封装形式的外观如图 2-23 所示。
- 引脚从 4 个侧面引出，呈海鸥翼(L)形。
- 有塑胶 BQFP 和金属 BQFP 两种。
- 引脚中心距为 0.635mm，引脚数目为 84～196。
- 基材有陶瓷、金属和塑料 3 种。

(4) QFN(Quad Flat No-lead，四侧无引脚扁平)封装。其特点如下。

- 焊盘尺寸小、体积小，采用以塑料作为密封材料的新兴表面贴装芯片封装技术，现在多称为 LCC。QFN 是日本电子机械工业会规定的名称。
- QFN 封装四侧配置有电极触点，由于无引脚，贴装占有面积比 QFP 小，高度比 QFP 低。其电极触点难以做到像 QFP 的引脚那样多，一般引脚数目为 14～100。QFN 封装形式的外观如图 2-24 所示。

 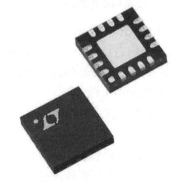

图 2-23　BQFP 封装　　　　　　　　　图 2-24　QFN 封装

- 材料有陶瓷和塑料两种,当有 LCC 标记时基本上都是陶瓷 QFN。
- 电极触点中心距有 1.27mm、0.65mm 和 0.5mm 共 3 种。
- 这种封装也称为塑料 LCC、PCLC、PLCC 等。

(5) WLP(Water Level Package,超小型封装)。其特点如下。

- 与以往的封装相比,WLP 可大幅度地减少组装体积和组装面积,因此,WLP 可实现高密度组装。WLP 封装形式的外观如图 2-25 所示。
- 适用于电压稳压器和 EEPROM。
- 引脚间距为 0.5mm。

图 2-25　WLP 封装

3) 集成电路的检测

(1) 外观检查。

① 检查来料的生产日期,要求其距检查日期小于 2 年(除客户有特别规定外),并注意检查密封包装是否密封良好。

② 用裸眼目视检查,如须确定缺陷,可用 10 倍显微镜检查,对于密封包装的 IC,不必打开包装抽取样本,只需核对 AVL 及 P/N。

③ 参照检测项目"(3)"中所列的集成电路常见不良类型来检查来料是否不良。

④ 对于带装/卷装、托盘装的 SMT 集成电路,要求其包装方向一致。

(2) 记录。

① 将检查结果记录于《供应商来料检验检查表》中。

② 将测量结果记录于《IQA 检查数值表》中。

(3) 集成电路常见不良类型。

① 标记模糊/缺失标记/错误标记。

② 破损。

③ 引脚变形、弯曲、断裂。

④ 引脚/末端氧化、镀层不良。

⑤ 尺寸、包装不对,包装损坏。

4. 球形栅格阵列(BGA)

BGA(Ball Grid Array,球形栅格阵列)是集成电路采用有机载板的一种封装法。其芯片面积与封装面积之比不小于 1∶1.14,可以在内存体积不变的情况下使内存容量提高 2～3 倍。与 TSOP(Thin Small Outline Package,薄型小尺寸封装)产品相比,其具有更小的体积、更好的散热性能和电性能。

1) BGA 的特点

BGA 的特点主要包括以下几点。

(1) 在封装技术上是提高组装密度的一个革新。

(2) 采用全面积阵列球形引脚的方式。BGA 封装的外观如图 2-26 所示。

(3) 接点多为球形,在陶瓷 BGA 上也有采用柱形的。

(4) 常用间距有 1mm、1.2mm 和 1.5mm。

BGA 底部   BGA 正面

图 2-26 BGA 封装

(5) 引脚数目已高达 800 多个。

(6) BGA 是 CSP(Chip Scale Package，芯片级封装)的前身。

BGA 封装的优缺点如表 2-5 所示。

表 2-5 BGA 封装的优缺点

BGA 封装的优点	BGA 封装的缺点
比 QFP 还高的组装密度	焊接点不可见
体形较薄	返修设备和工艺要求较高
较好的电气性能	工艺规范难度较高
引脚较坚固	线路板的布线较难
组装工艺比 QFP 好	可靠性不如引脚组件

2) BGA 的分类

BGA 主要包括以下几种：PBGA(Plastic Ball Grid Array，塑封球栅阵列)；CBGA(Ceramic Ball Grid Array，陶瓷球栅阵列)；CCGA(Ceramic Column Grid Array，陶瓷柱栅阵列)，如图 2-27 所示；TBGA(Tape Ball Grid Array，载带球栅阵列)。

5. IC 第一引脚的辨认方法

IC 第一引脚的辨认方法如表 2-6 所示。

图 2-27 CCGA 封装

表 2-6 IC 第一引脚的辨认方法

(1) IC 有缺口标志	(2) 以圆点做标识
24 ⋯⋯ 13　OB36→型号　HC08→厂标　1 ⋯⋯ 12	24 ⋯⋯ 13　OB36→型号　HC08→厂标　1 ⋯⋯ 12

续表

(3) 以横杠做标识	(4) 以文字做标识(正看 IC,下排引脚的左边第一个脚为"1")
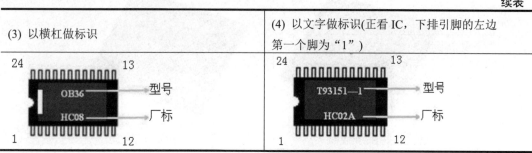	

2.2　贴片元器件的分类

从贴片机编程角度来看,贴片元器件可以分为无引脚贴片元器件、带引脚贴片元器件、引脚为球栅阵列的贴片元器件 3 大类,分别如表 2-7~表 2-9 所示。

表 2-7　无引脚贴片元器件

组件形状	对象参考组件
圆筒	圆筒贴片组件: (1) 电阻器、电容器、二极管。 (2) 其他类似形状组件
方形	方形贴片组件: (1) 电阻器、叠层电容器、线圈、片状陶瓷滤波器。 (2) 其他类似形状组件
异形	异形贴片组件: (1) 半固定电位器、微调电容器。 (2) 其他类似形状组件

表 2-8　带引脚贴片元器件

组件形状		对象参考组件
IC	简单形状 (配有简单引脚的组件)	带引脚的 IC 包装组件: (1) SOP、QFP、TSOP、PLCC、SOJ、LCC。 (2) 其他类似形状组件

续表

组件形状	对象参考组件
IC 复杂形状 (配有复杂引脚的组件) 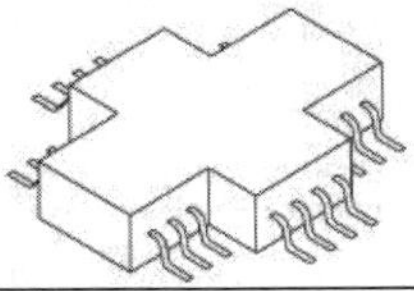	带引脚的 IC 包装组件： (1) SOP、QFP、TSOP、PLCC、SOJ、LCC。 (2) 其他类似形状组件
连接器 简单形状 (配有简单引脚的组件) 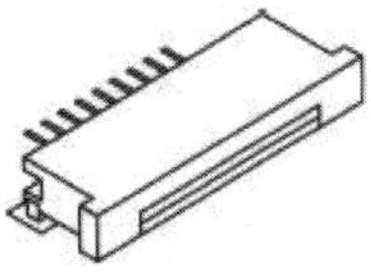 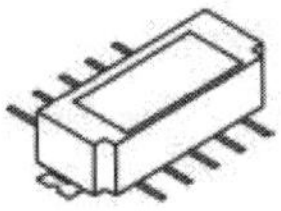 复杂形状 (配有复杂引脚的组件)	连接器组件： (1) FFC/FPC 用连接器。 (2) 线路板对线路板用连接器。 (3) 导线对线路板用连接器。 (4) PLCC 插座等。 (5) 其他类似形状组件
其他 简单形状 (配有简单引脚的组件) 复杂形状 (配有复杂引脚的组件) 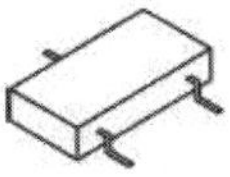 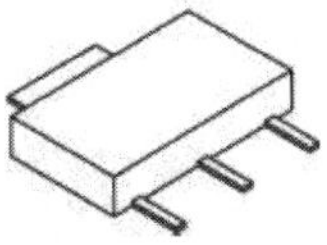	带引脚组件： (1) 微型晶体管。 (2) 小功率晶体管。 (3) 过滤器、二极管、LED。 (4) 线圈、钽电容器。 (5) 铝电解电容器。 (6) 其他类似形状组件

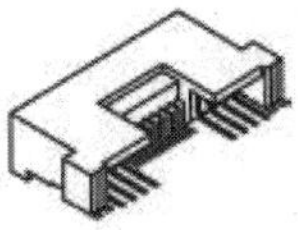

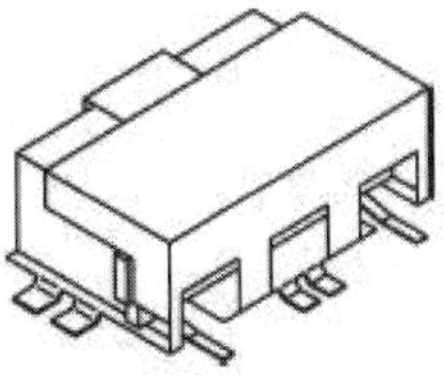

表 2-9　引脚为球栅阵列的贴片元器件

组件形状	对象参考组件
BGA/CSP 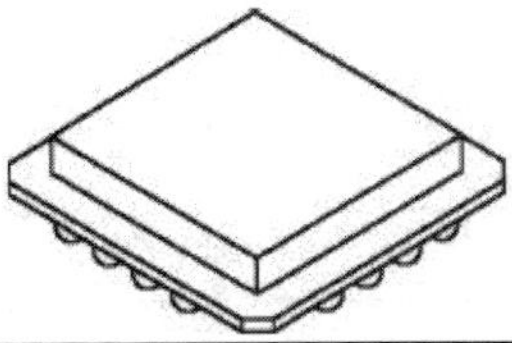	栅格阵列组件： (1) BGA、CSP、LGA。 (2) 其他类似形状组件

2.3　贴片元器件符号归类

贴片元器件的符号归类如表 2-10 所示。

表 2-10　贴片元器件符号归类

组　件	组件符号	极　性
电阻	R	无
电容	C	有些有
变压器	T	有
保险丝	F	无
开关	S 或 SW	有
测试点	TP	无
稳压器	VR	有
二极管	CR 或 D	有
三极管	Q	有
继电器	K	有
变阻器	RV	无
电感器	L	有些有
导电条	E	无
热敏电阻	RT	无
晶体	Y 或 OS 或 X	无
集成电路	U	有
电阻网络	RN	无
发光二极管	LED 或 DS	有
混合电路	A	有

2.4　贴片元器件料盘的读法

贴片元器件料盘的读法如表 2-11 所示。

表 2-11　贴片元器件料盘的读法

料盘标签上的英文符号	英文符号的含义
TYPE	组件规格
LOT	生产批次
QTY	每包装数量
P/O NO	订单号码
DESC	描述
L/N	生产批次

21世纪高职高专电子信息类实用规划教材

续表

料盘标签上的英文符号	英文符号的含义
USE P/N	件料号
DEL DATE	生产日期

例如，某料盘上的标签如图 2-28 所示。

图 2-28　某料盘上的标签

标准标签识别如下。

第一行：0603 Y5V 100nF-20+80% 25V——料号描述。

　　　　BTSB——标签四码，即 16 码料号的最后四码。

第二行：0603F104Z250NT——14 码料号。

　　　　1302012811——工单号，即 TAP 批号。

　　　　4000——数量，单位为 PCS。

第三行：条形码，扫描内容为料号、批号及数量(KP 为单位)。

第四行：13000008——打印标签作业员 ID 号。

　　　　060802204113——标签打印时间，此处表示 2002 年 6 月 8 日 20 时 41 分 13 秒打印。标签打印时间以两码为单位，依次表示为日/月/年/时/分/秒。

　　　　113——此次打印标签总张数。

　　　　1252001263——生产批号。

　　　　50——总张中的第几张。

2.5　贴片芯片干燥通用工艺

贴片芯片干燥通用工艺的要求包括以下几点。

(1) 真空包装的芯片无须干燥。

(2) 若真空包装的芯片在拆封时发现包内的湿度指示卡大于 20%RH，则必须进行烘烤。

(3) 生产前，真空包装拆封后，若暴露在空气中的时间超过 72 小时，则必须进行干燥。

(4) 库存未上线或开发人员领用的是非真空包装的 IC，若无已干燥标识，则必须进行干燥处理。

(5) 干燥箱温湿度控制器应设为 10%，干燥时间为 48 小时以上，实际湿度小于 20%即为正常。

2.6 贴片芯片烘烤通用工艺

贴片芯片烘烤通用工艺的要求包括以下几点。

(1) 在密封状态下，组件货价寿命为 12 个月。

(2) 打开密封包装后，在小于 30℃ 和 60%RH 的环境下，组件过回流焊接炉前的可停留时间如表 2-12 所示。

表 2-12 不同防潮等级的贴片芯片过回流焊接炉前的可停留时间

防潮等级	停留时间
LEVEL1	大于 1 年，无要求
LEVEL2	1 年
LEVEL3	1 周
LEVEL4	72 小时
LEVEL5	24 小时
LEVEL6	6 小时

(3) 打开密封包装后，如不生产，则应立即储存在小于 20%RH 的干燥箱内。

(4) 需要烘烤的情况(适用于防潮等级为 LEVEL2 及以上的材料)。

① 当打开包装时，室温下读取湿度指示卡，湿度为 20%。

② 当打开包装后，停留时间超过表 2-12 的要求且还没有贴装焊接的组件。

③ 当打开包装后，没有按规定储存在小于 20%RH 的干燥箱内的组件。

④ 自密封日期开始超过 1 年的组件。

(5) 烘烤时间。

① 在温度(40±5)℃ 且湿度小于 5%RH 的低温烤箱内烘烤 192 小时。

② 在温度(125±5)℃ 的烤箱内烘烤 24 小时。

2.7 实训所用的插装元器件简介

1. 独石电容

独石电容具有电容量大、体积小、可靠性高、电容量稳定、耐高温、耐湿性好等特点。独石电容的外观如图 2-29 所示。

独石电容最大的缺点是温度系数很高。

独石电容广泛应用于电子精密仪器及各种小型电子设备中，作用是谐振、耦合、滤波等。

独石电容的容量范围为 0.5pF～1μF。

2. 电解电容

电解电容是电容的一种，金属箔为正极(铝或钽)，与正极紧贴的金属氧化膜(氧化铝或五氧化二钽)是电介质，阴极由导电材料、电解质(可以是液体或固体)和其他材料共同组成。因电解质是阴极的主要部分，因此被称为电解电容。电解电容正负极不可接错，其外观如图 2-30 所示。

图 2-29　独石电容

图 2-30　电解电容

电解电容主要具有以下几个特点。

(1) 单位体积的电容量非常大，比其他种类的电容大几十到数百倍。

(2) 额定的容量可以做到非常大，可以轻易做到几万微法甚至几法(但不能和双电层电容比)。

(3) 价格与其他电容相比具有压倒性优势，因为电解电容的组成材料都是普通的工业材料，如铝等。制造电解电容的设备也都是普通的工业设备，可以大规模生产，成本相对比较低。

3. 碳膜电阻

碳膜电阻是用有机黏合剂将碳墨、石墨和填充料配成悬浮液涂敷于绝缘基体上，经加热聚合而成。碳膜电阻的外观如图 2-31 所示。

碳膜电阻成本较低，电性能和稳定性较差，一般不适合做通用电阻器。但由于它容易制成高阻值的膜，所以主要用做高阻高压电阻器。其用途同高压电阻器。

碳膜电阻常用符号 RT 做标志，R 代表电阻器，T 代表材料是碳膜。例如，一只电子枪外壳上标有 RT47kI 的字样，就表示这是一只阻值为 47kΩ、允许偏差为±5%的碳膜电阻器。

碳膜电阻的额定功率不在电阻的外壳上标出，而以电子枪的长度和直径的大小来区别，长度大、直径大的电阻器功率大。碳膜电阻器有轴向引线、领带式引线以及不接引线等方式。

碳膜电阻器的阻值范围为 1Ω～10MΩ，额定功率有 0.125W、0.25W、0.5W、1W、2W、5W、10W 等。

普通碳膜电阻的体形较大，为了适应小体积的电阻装置的需要，又生产出了小型碳膜电阻 RTX 型，功率仅为 0.125W，大多制成色码电阻。

4. 四联可变电容

四联可变电容的外观如图 2-32 所示。

图 2-31　碳膜电阻

图 2-32　四联可变电容

5. 电位器

电位器是一种电阻值可调的电子组件。它由一个电阻体和一个转动或滑动系统组成。电位器的外观如图 2-33 所示。

电位器的作用：调节电压(含直流电压与信号电压)和电流的大小。

电位器的结构特点：电位器的电阻体有两个固定端，通过手动调节转轴或滑柄，可改变动触点在电阻体上的位置，即改变其动触点与任意一个固定端之间的电阻值，从而改变电压与电流的大小。

6. 微调电阻

微调电阻，简称"微调"，亦称为半可变电阻，其外观如图 2-34 所示。在电子装置中，它常用来调整偏流、偏压、信号电压等。与固定电阻不同的是，微调电阻有 3 条引线(俗称"脚")，其中有两脚为固定电阻引线，习惯上把它们称为阻值抽头，居中的一条称为中抽头。要想改变微调电阻的阻值，只要用小起子旋动调整螺丝即可。

21世纪高职高专电子信息类实用规划教材

图 2-33　电位器

图 2-34　微调电阻

7. 中周

中周又称为中频变压器，是可调电感屏蔽式中频并联谐振回路，回路电感是在"工"字磁芯上绕制线圈。旋动磁帽，使其上下移动，即可改变线圈的耦合系数。中周的外观如图 2-35 所示。

图 2-35　中周

8. 滤波器

滤波器是一种用来消除干扰杂波的器件，可以对输入或输出的交流电进行过滤，从而得到纯净的交流电。滤波器的外观如图 2-36 所示。

滤波器的功能就是通过过滤，得到一个特定频率或消除一个特定频率的波，它可以将通过滤波器的一个方波群或复合噪波变为一个特定频率的正弦波。

9. 鉴频器

鉴频器的作用是使电路输出电压和输入信号频率相对应，其外观如图 2-37 所示。

图 2-36　滤波器

图 2-37　鉴频器

鉴频器按用途可分为两类。

(1) 用于调频信号的解调。常见的有斜率鉴频器、相位鉴频器、比例鉴频器等，对这类鉴频器电路的要求主要是非线性失真小、噪声门限低。斜率鉴频器的电路比较简单，但回路失谐时其谐振特性曲线不是直线，因而鉴频特性的线性较差。相位鉴频器鉴频特性的线性较好，鉴频灵敏度也较高。

(2) 用于频率误差测量。例如，用在自动频率控制环路中产生误差信号的鉴频器。对这类鉴频器电路的零点漂移限制较严，对非线性失真和噪声门限则要求较低。

10. 插装元器件的检测方法

1) 电阻的检测

将万用表两表笔(不分正、负)分别与电阻的两端引脚相接即可测出实际电阻值。为了提高测量精度，应根据被测电阻标称值的大小来选择量程。由于欧姆挡刻度的非线性关系，它的中间一段分度较为精细，因此应使指针指示值尽可能落到刻度的中段位置，即全刻度起始的20%～80%弧度范围内，以使测量更准确。根据电阻误差等级不同，读数与标称阻值之间分别允许有±5%、±10%或±20%的误差。如不相符，超出误差范围，则说明该电阻值变值了。

注意：测试时，特别是在测几十千欧以上阻值的电阻时，手不要触及表笔和电阻的导电部分；被检测的电阻应从电路中焊下来，至少要焊开一个头，以免电路中的其他元件对测试产生影响，造成测量误差；色环电阻的阻值虽然能以色环标志来确定，但在使用时最好还是用万用表测试一下其实际阻值。

2) 电解电容的检测

因为电解电容的容量较一般固定电容要大得多，所以，测量时应针对不同容量选用合适的量程。根据经验，一般情况下，$1\sim47\mu F$ 的电容，可用 R×1k 挡测量，大于 $47\mu F$ 的电容可用 R×100 挡测量。

将万用表红表笔接负极，黑表笔接正极，在刚接触的瞬间，万用表指针即向右偏转较大的角度(对于同一电阻挡，容量越大，摆幅越大)，接着逐渐向左回转，直到停在某一位置。此时的阻值便是电解电容的正向漏电阻，此值略大于反向漏电阻。实际使用经验表明，电解电容的漏电阻一般应在几百千欧以上，否则将不能正常工作。在测试中，若正向、反向均无充电的现象，即表针不动，则说明容量消失或内部断路；如果所测阻值很小或为零，说明电容漏电或已被击穿损坏，不能再使用。

对于正、负极标志不明的电解电容，可利用上述测量漏电阻的方法加以判别，即先任意测一下漏电阻，记住其大小，然后交换表笔再测出一个阻值。两次测量中阻值大的那一次便是正向接法，即黑表笔接的是正极，红表笔接的是负极。

3) 色码电感器的检测

将万用表置于 R×1 挡，红、黑表笔各接色码电感器的任一引出端，此时指针应向右摆动。根据测出的电阻值大小，可具体分以下两种情况进行鉴别。

(1) 若被测色码电感器电阻值为零，则其内部有短路性故障。

(2) 被测色码电感器直流电阻值的大小与绕制电感器线圈所用的漆包线径、绕制圈数有直接关系，只要能测出电阻值，就可认为被测色码电感器是正常的。

4) 中周变压器的检测

(1) 将万用表拨至 R×1 挡，按照中周变压器的各绕组引脚排列规律，逐一检查各绕组的通断情况，进而判断其是否正常。

(2) 检测绝缘性能。将万用表置于 R×10k 挡，做如下几种状态测试。

① 初级绕组与次级绕组之间的电阻值。

② 初级绕组与外壳之间的电阻值。

③ 次级绕组与外壳之间的电阻值。

上述测试结果会出现以下三种情况。

① 阻值为无穷大：正常。

② 阻值为零：有短路性故障。

③ 阻值小于无穷大，但大于零：有漏电性故障。

5) 红外发光二极管的检测

(1) 判别红外发光二极管的正、负电极。红外发光二极管有两个引脚，通常长引脚为正极，短引脚为负极。因为红外发光二极管呈透明状，所以管壳内的电极清晰可见，内部电极较宽大的一个为负极，而较窄小的一个为正极。

（2）将万用表置于 R×1k 挡，测量红外发光二极管的正、反向电阻。通常，正向电阻应在 30kΩ左右，反向电阻应在 500kΩ以上，这样的二极管才可正常使用，且反向电阻越大越好。

6）中、小功率三极管的检测

（1）测量极间电阻。将万用表置于 R×100 挡或 R×1k 挡，按照红、黑表笔的 6 种不同接法进行测试。其中，发射结和集电结的正向电阻值比较小，其他 4 种接法测得的电阻值都很大，约为几百千欧至无穷大。但不管是低阻还是高阻，硅材料三极管的极间电阻要比锗材料三极管的极间电阻大得多。

（2）三极管的穿透电流 I_{CEO} 的数值近似等于管子的倍数β和集电结的反向电流 I_{CBO} 的乘积。I_{CBO} 随着环境温度的升高而很快增长，I_{CBO} 的增加必然造成 I_{CEO} 的增大。而 I_{CEO} 的增大将直接影响三极管工作的稳定性，所以在使用中应尽量选用 I_{CEO} 小的三极管。

用万用表电阻挡直接测量三极管 e、c 极之间的电阻，可间接估计 I_{CEO} 的大小，具体方法如下。

万用表电阻的量程一般选用 R×100 挡或 R×1k 挡，对于 PNP 管，黑表笔接 e 极，红表笔接 c 极；对于 NPN 管，黑表笔接 c 极，红表笔接 e 极。要求测得的电阻越大越好。e、c 极之间的阻值越大，说明被测管的 I_{CEO} 越小；反之，所测阻值越小，说明被测管的 I_{CEO} 越大。一般来说，中、小功率硅管及锗材料低频管的阻值应分别在几百千欧、几十千欧及十几千欧以上。如果阻值很小或测试时万用表指针来回晃动，则说明 I_{CEO} 很大，被测管的性能不稳定。

（3）测量放大能力(β)。目前有些型号的万用表有测量三极管 h_{FE} 的刻度线，它可以很方便地测量三极管的放大倍数。先将万用表功能开关拨至Ω挡，量程开关拨到 ADJ 位置，把红、黑表笔短接，调整调零旋钮，将万用表指针置于零，然后将量程开关拨到 h_{FE} 位置，并使两短接的表笔分开，把被测三极管插入测试插座，即可从 h_{FE} 刻度线上读出三极管的放大倍数。

本 章 小 结

本章介绍了电阻、电容的发展过程，CHIP 元件的封装特点，以及贴片电阻的命名方法。阐述了片式多层陶瓷电容、贴片钽电解电容器的优缺点，给出了 CHIP 元件的检测方法。介绍了 SOT、SOP、PLCC、SOIC、SOJ、QFP、BGA 等封装形式，给出了集成电路的检测方法。给出了 IC 第一引脚的辨认方法，列出了贴片元器件的分类，介绍了贴片元器件料盘的读法以及贴片芯片干燥通用工艺和烘烤通用工艺。

思考与练习

1. 如何对 CHIP 元件进行检测？
2. 写出 QFP(方形扁平封装)的优缺点。

3. 如何对集成电路进行外观检查？

4. 集成电路常见的不良类型有哪些？

5. 写出 BGA 封装的优缺点。

6. 如何辨认 IC 第一引脚？

7. 贴片元器件分为哪 3 类？每一类都包含哪些组件？

8. 写出下列贴片元器件的符号。

电阻、电容、变压器、保险丝、开关、测试点、稳压器、二极管、三极管、继电器、变阻器、电感器、导电条、热敏电阻、晶体、集成电路、电阻网络、发光二极管、混合电路。

9. 如何对贴片芯片进行干燥处理？

10. 如何对贴片芯片进行烘烤处理？

11. 写出电阻的检测方法。

12. 写出电解电容的检测方法。

13. 写出色码电感器的检测方法。

14. 写出中、小功率三极管的检测方法。

21世纪高职高专电子信息类实用规划教材

第 3 章

焊　锡　膏

教学导航

教学目标

- 掌握焊锡膏的组成和分类。
- 了解焊锡膏应具备的条件。
- 掌握焊锡膏的保存、使用及环境要求。
- 掌握焊锡膏的选择方法。
- 掌握影响焊锡膏印刷性能的各种因素。

知识点

- 焊锡膏的组成。
- 焊锡膏的分类。
- 焊锡膏应具备的条件。
- 焊锡膏检验项目的要求。
- 焊锡膏的保存、使用及环境要求。
- 焊锡膏的选择方法。
- 影响焊锡膏印刷性能的各种因素。
- 表面贴装对焊锡膏的特性要求。

难点与重点

- 焊锡膏的保存和使用方法。
- 影响焊锡膏印刷性能的各种因素。
- 表面贴装对焊锡膏的特性要求。

学习方法

- 结合焊锡膏实物学习焊锡膏的组成和特点。
- 结合印刷机学习影响焊锡膏印刷性能的各种因素。

3.1 焊锡膏的组成

焊锡膏的组成如图 3-1 所示。

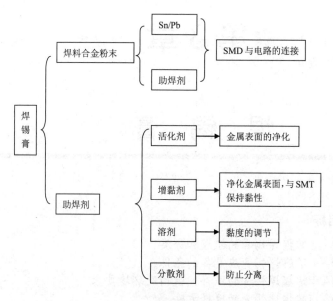

图 3-1 焊锡膏的组成

3.2 焊锡膏的分类

焊锡膏的分类方法如下。

1．根据助焊剂的成分划分

根据助焊剂的成分划分，焊锡膏可分为松香型焊锡膏、免洗型焊锡膏、水溶型焊锡膏3 类。

2．根据回焊温度划分

根据回焊温度划分，焊锡膏可分为高温焊锡膏、常温焊锡膏、低温焊锡膏。

3．根据金属成分划分

根据金属成分划分，焊锡膏可分为含银焊锡膏 Sn62/Pb36/Ag2、非含银焊锡膏 Sn63/Pb37、含铋焊锡膏 Bi14/Sn43/Pb43。

3.3 焊锡膏应具备的条件

焊锡膏应具备的条件主要有以下几点。

(1) 保质期内，黏度的经时变化要很小，在常温下锡粉和助焊剂不会分离，需要保持均质。

(2) 要有良好的印刷性。要好印刷，丝印版的透出性要好，不会溢粘在印版开口周围，经搅拌后，在常温下要能保持较长时间，有一定的黏着性，也就是说放置 IC 零件时，要有良好的位置安定性。

(3) 加热后对 IC 零件和回路导体要有良好的焊接性，并要有良好的凝集性，不可产生过于滑散的现象。

(4) 助焊剂要有耐蚀性、空气绝缘性，要有良好的标准规格，并无毒性。

(5) 助焊剂的残渣要有良好的溶解性及洗净性。

(6) 锡粉和助焊剂不可分离。

3.4　焊锡膏检验项目要求

焊锡膏检验项目主要包括以下几个方面。

(1) 锡粉颗粒大小及均匀度。

(2) 焊锡膏的黏度和稠性。

(3) 印刷渗透性。

(4) 气味及毒性。

(5) 裸露在空气中的时间与焊接性。

(6) 焊接性及焊点亮度。

(7) 铜镜测验。

(8) 锡珠现象。

(9) 表面绝缘值及助焊剂残留物。

3.5　焊锡膏的保存、使用及环境要求

焊锡膏是一种比较敏感的焊接材料，污染、氧化、吸潮都会使其产生不同程度的变质。

1. 焊锡膏的存放

(1) 根据生产需要控制焊锡膏的使用周期，存货储存时间不超过 3 个月。

(2) 焊锡膏入库保存要按不同种类、批号以及不同厂家分开放置。

(3) 焊锡膏的储存条件要求温度为 4～8℃，相对湿度低于 50%。不能把焊锡膏放到冷冻室。特殊焊锡膏的储存条件依厂家资料而定。

(4) 焊锡膏的使用遵循先进先出的原则，并作记录。

(5) 每周检测储存的温度及湿度，并作记录。

2. 焊锡膏的使用及环境要求

(1) 将焊锡膏从冰箱里拿出，贴上控制使用标签(见图 3-2)，并填上回温开始时间和签名。焊锡膏须完全解冻方可开盖使用，解冻时间规定为 6～12h。如未回温完全便使用，焊锡膏会冷凝空气中的水汽，造成坍塌、锡爆等问题。

(2) 焊锡膏使用前应先在罐内进行充分搅拌，搅拌方式有两种：①机器搅拌的时间一般为 3～4min；②人工搅拌焊锡膏时，要求按同一方向搅拌，以免焊锡膏内混有气泡，搅拌时间为 2～3min。

图 3-2 控制使用标签

(3) 从瓶内取焊锡膏时应注意尽量取少量添加到钢模，添加完后一定要旋好盖子，防止焊锡膏暴露在空气中，开盖后的焊锡膏使用的有效期在 24h 以内。

(4) 印刷焊锡膏过程在 18～24℃、40%～50%RH 环境下作业最好，不可有冷风或热风直接对着吹，温度超过 26.6℃就会影响焊锡膏的性能。

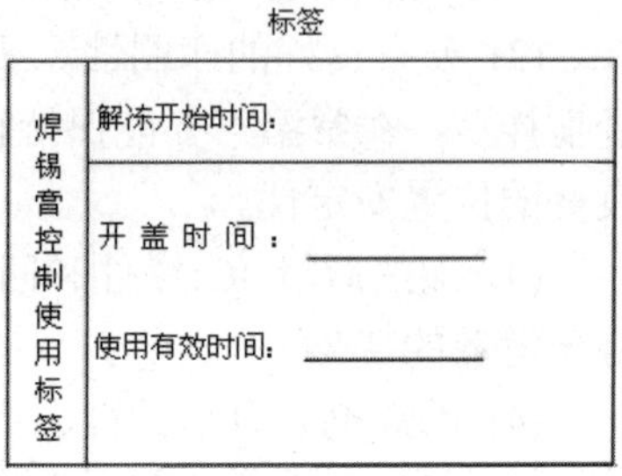

(5) 已开盖的焊锡膏原则上应尽快用完，如果不能做到这一点，可在工作日结束后将钢模上剩余的焊锡膏装进一空罐子内，留待下次使用。但使用过的焊锡膏不能与未使用的焊锡膏混装在同一瓶内，因为新鲜的焊锡膏可能会受到使用过的焊锡膏的污染而变质。

(6) 对于新开盖的焊锡膏，必须检查焊锡膏的解冻时间是否为 6～24h，并在控制使用标签上填上开盖时间及使用有效时间。

(7) 使用已开盖的焊锡膏前，必须先了解开盖时间，确认是否在使用的有效期内。

(8) 当天没有用完的焊锡膏，如果第二天不再生产应将其放回冰箱保存，并在控制使用标签上注明。

(9) 印刷后尽量在 4h 内完成再流焊。

(10) 免清洗焊锡膏修板后不能用酒精擦洗。

(11) 需要清洗的产品，再流焊后应在当天完成清洗。

3.6 焊锡膏的选择方法

(1) 根据产品本身的价值和用途，高可靠性产品须选择高质量的焊锡膏。

(2) 根据 PCB 和元器件存放时间和表面氧化程度选择焊锡膏的活性。

- RMA：一般产品采用。
- R：高可靠性产品选择。
- RA：可焊性盖的 PCB 和元器件采用。

(3) 根据组装工艺、印制板、元器件的具体情况选择合金成分。一般镀锡铅印制板采用 Sn63/Pb37；钯金和钯银厚膜端头和引脚可焊性较差的元器件、要求焊点质量高的印制板采用 Sn62/Pb38。

(4) 根据产品对清洁度的要求来选择是否采用免清洗。

- 免清洗工艺要选用不含卤素或其他强腐蚀性化合物的焊锡膏。
- 航天、军工、仪器仪表以及涉及生命安全的医用器材可靠性要求高，需要采用水清洗或溶剂清洗的焊锡膏，焊后必须清洗干净。

(5) BGA 和 CSP 一般都需要采用高质量的免清洗焊锡膏。

(6) 焊接热敏组件时，应选用含铋的低熔点焊锡膏。

(7) 根据 PCB 的组装密度(有无窄间距)来选择合金粉末颗粒度，常用焊锡膏的合金粉末颗粒尺寸分为 4 种粒度等级，窄间距一般选择 20～45μm。SMD 引脚间距和焊料颗粒的关系如表 3-1 所示。

表 3-1　SMD 引脚间距和焊料颗粒的关系

引脚间距/mm	0.8 以上	0.65	0.5	0.4
颗粒直径/μm	75 以下	60 以下	50 以下	40 以下

(8) 根据施加焊锡膏的工艺以及组装密度选择焊锡膏的黏度。例如，模板印刷工艺应选择高黏度焊锡膏、点胶工艺应选择低黏度焊锡膏。焊锡膏黏度对焊锡膏施加方式的影响如表 3-2 所示。

表 3-2　焊锡膏黏度与焊锡膏施加方式

施加方式	丝网印刷	模板印刷	注射滴涂
黏度(Pa·s)	300～800	普通密度：500～900 高密度、窄间距 SMD: 700～1300	150～300

3.7　影响焊锡膏印刷性能的各种因素

影响焊锡膏印刷性能的各种因素如图 3-3 所示。

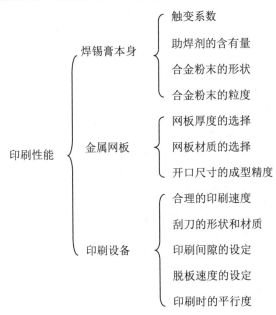

图 3-3　影响焊锡膏印刷性能的各种因素

3.8　表面贴装对焊锡膏的特性要求

表面贴装对焊锡膏的特性要求主要有以下几点。

(1) 熔点比母材的熔点要低。

(2) 与大多数金属有良好的亲和性。

(3) 焊料本身具有良好的机械性能。

(4) 焊料和被接合材料经反应后不产生脆化相及脆性金属化合物。

(5) 焊料中的氧化物，不是导致焊接润湿不良、空隙等缺陷的原因。

(6) 其供应状态适合于自动化。

(7) 有良好的导电性。

(8) 作为柔软合金能吸收部分热应力。

本 章 小 结

本章主要介绍了焊锡膏的组成，从助焊剂的成分、回焊温度、金属成分 3 个方面对焊锡膏进行了分类，阐述了焊锡膏应具备的条件，介绍了焊锡膏检验项目要求，还介绍了焊锡膏的保存、使用及环境要求，给出了焊锡膏的选择方法。本章的最后分析了影响焊锡膏印刷性能的各种因素并给出了表面安装对焊锡膏的特性要求。

思考与练习

1. 写出焊锡膏各组成部分及每部分的作用。

2. 根据助焊剂的成分，焊锡膏可分为哪几类？

3. 根据回焊温度，焊锡膏可分为哪几类？

4. 根据焊锡膏中合金颗粒球的成分，焊锡膏可分为哪几类？

5. 优良的焊锡膏应具备什么条件？

6. 进行焊锡膏检验时，有哪些检验项目？

7. 如何保存焊锡膏？焊锡膏的使用有哪些要求？

8. 针对不同的产品，如何选择合适的焊锡膏？

9. 写出影响焊锡膏印刷性能的因素。

10. 表面贴装对焊锡膏的特性有哪些要求？

第4章

模　　板

教学导航

教学目标

- 了解模板的演变。
- 了解模板的制作工艺。
- 掌握各种模板的优缺点。
- 掌握模板的使用方法。
- 掌握影响模板品质的因素。

知识点

- 模板的演变。
- 模板的制作工艺。
- 各类模板的比较。
- 模板的开口设计。
- 模板的使用方法。
- 模板的清洗方法。
- 影响模板品质的因素。

难点与重点

- 各类模板的比较。
- 模板的开口设计。
- 影响模板品质的因素。

学习方法

- 结合模板的实物学习模板结构。
- 结合模板的实物学习模板的开口设计。
- 通过实际操作掌握模板的使用方法及清洗方法。

4.1　初识 SMT 模板

(1) 模板的定义：一种 SMT 专用模具。

(2) 模板的功能：帮助焊锡膏沉积。

(3) 模板的使用目的：将准确数量的焊锡膏转移到 PCB 上的准确位置。

(4) 模板的形状：模板的外观形状如图 4-1 所示。

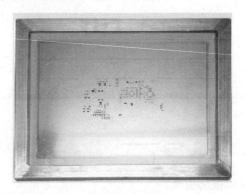

图 4-1　模板的外观形状

4.2　模板的演变

模板的演变过程如图 4-2 所示。

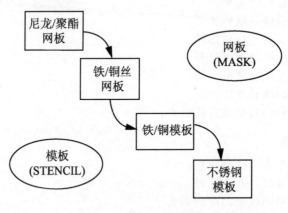

图 4-2　模板的演变过程

4.3　模板的制作工艺

制作模板的 3 个主要技术是：化学蚀刻(Chemical Etch)、激光切割(Laser Cut)和电铸成形(Electroform)。每个技术都有其独特的优点与缺点。化学蚀刻和激光切割是递减(Substractive)

的工艺，电铸成形是递增的工艺。因此，3 种技术的某些参数(如价格)可能无法直接进行比较，选择时主要的考虑因素应该是与成本和周转时间相适应的性能。

通常，当用于最小的间距为 0.025 英寸以上的应用时，化学蚀刻的模板和其他技术同样有效。相反，当处理 0.020 英寸以下的间距时，应该考虑激光切割和电铸成形的模板。

1. 化学蚀刻法

1) 工艺流程

化学蚀刻法的工艺流程如图 4-3 所示。

2) 特点

化学蚀刻法的优点主要有以下几点。

(1) 一次成型。

(2) 速度较快。

(3) 价格较便宜。

化学蚀刻法的缺点主要有以下几点。

(1) 易形成沙漏形状或开口尺寸变大。

(2) 客观因素影响大。

(3) 不适合细间距模板的制作。

(4) 制作过程有污染。

2. 激光切割法

1) 工艺流程

激光切割法的工艺流程如图 4-4 所示。

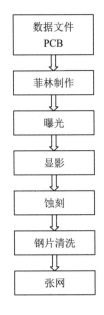

图 4-3　化学蚀刻法的工艺流程

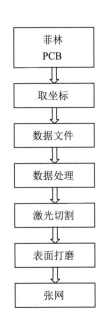

图 4-4　激光切割法的工艺流程

2) 特点

激光切割法的优点主要有以下几点。

(1) 数据制作精度高。

(2) 客观因素影响小。

(3) 梯形开口利于脱模。

(4) 可作精密切割。

(5) 价格适中。

激光切割法的缺点为：需要逐个切割，制作速度较慢。

3. 电铸成型法

1) 工艺流程

电铸成型法的工艺流程如图 4-5 所示。

2) 特点

电铸成型法的优点主要有以下两点。

(1) 孔壁光滑。

(2) 特别适合超细间距模板的制作。

电铸成型法的缺点主要有以下几点。

(1) 工艺较难控制。

(2) 客观因素影响大。

(3) 制作周期长。

(4) 价格太高。

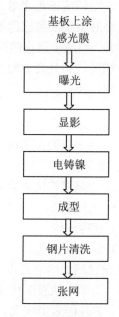

图 4-5　电铸成型法的工艺流程

4.4　各类模板的比较

　　不同制作工艺制作的模板各不相同，如图 4-6 所示，各类模板的性能也有所不同。各种类型的模板性能对比如表 4-1 所示。

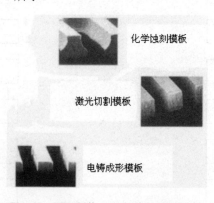

图 4-6　不同制作工艺制作的模板比较

表 4-1　各种类型的模板性能对比

制作工艺	化学蚀刻	激光切割	电铸成形
成本	经济	经济	昂贵
精度	较差	较高	最高
最小开口尺寸	0.4mm Pitch	没有限制	没有限制
开口形状			
材料	不锈钢、黄铜	不锈钢	镍合金

4.5　模板的后处理

1. 表面打磨

表面打磨的目的主要有以下两点。

(1) 去除开口处熔渣(毛刺)。

(2) 增加表面摩擦力，以利于焊锡膏滚动，达到良好的下锡效果。

2. 电抛光

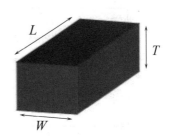

图 4-7　电抛光后的模板

电抛光后的模板如图 4-7 所示。电抛光的目的主要有以下两点。

(1) "抛光"孔壁，可以使表面摩擦力减少、焊锡膏释放良好，减少空洞。

(2) 可以提高模板底面的清洁度。

4.6　模板的开口设计

模板的开口设计主要考虑的因素有：①开口的宽厚比/面积比；②开口侧壁的几何形状；③模板的厚度；④孔壁的光洁度。后两个因素由模板的制作技术决定；前两个因素是在设计中需要重点考虑的。

1. 开口的宽厚比/面积比

模板开口的长、宽、高如图 4-8 所示。

宽厚比：开口宽与模板厚度的比率为

$$\frac{W}{T} > 1.5$$

面积比：开口面积与孔壁横截面积的比率为

$$\frac{W \times L}{2T(W + L)} > 0.66$$

若 $L < 5W$，则考虑宽厚比；否则考虑面积比。

图 4-8　模板开口的长、宽、高

2. 开口侧壁的几何形状

对模板进行开口设计时，不能一味地追求宽厚比/面积比而忽视了其他工艺问题，如桥连、锡珠等。模板设计规范如表 4-2 所示。

表 4-2　模板设计规范

序号	元件名称	焊盘尺寸/mil	开口尺寸/mil	内　容	备　注
1	0603 CHIP		电阻	焊盘各外移 2mil，倒尖角防锡珠	开口面积/焊盘面积比为 75%
			电容	焊盘各外移 4mil，倒尖角防锡珠	开口面积/焊盘面积比为 84%
				焊盘各内切 5mil，倒尖角防锡珠	开口面积/焊盘面积比为 72%
2	0805 以上 CHIP			焊盘各内切 5mil，倒尖角防锡珠	开口面积/焊盘面积比为 85%
3	D 二极管			1∶1 开	
4	SOT89			小焊盘外移 10mil	
5	FB 类			焊盘各内切 5mil，倒尖角防锡珠	
6	电解电容			小电解电容 1∶1 开，大电解电容内切 8mil，倒三角防锡珠	开口面积/焊盘面积比约为 66%
7	IC/QFP	Pitch=20mil		长度内切 5mil，外拉 2mil；宽度开 9mil，两端开圆头	焊盘宽度小于 9mil 时，按焊盘实际宽度开
		Pitch=25mil		宽度开 9mil，长度外拉 3mil，两端开圆头	焊盘宽度小于 13mil 时，按焊盘实际宽度开
8	BGA	Pitch=39mil D=28mil		D=25mil	
9	PBGA	Pitch=50mil		D=25mil	平常 PCB 按 PBGA 开孔
10	CBGA	Pitch=50mil	1∶1	D=30mil	

3. 模板的厚度

如果没有 BGA、CSP、F·C(Flip-Chip，倒装焊)等器件存在，则模板厚度一般取 0.15mm。

BGA、CSP、F·C 等器件对模板的厚度有特殊需要，其他元器件对模板厚度的需求也各不相同。当多品种元器件混合组装时，可采用折中的方式选择尺寸，比如 PCB 上有 0.5mmQFP 和 0402CHIP 组件，钢网厚度选 0.12mm；若 PCB 上有 0.5mmQFP 和 0603 以上 CHIP 组件，钢网厚度选 0.15mm。

随着电子产品小型化，电子产品组装技术越来越复杂，为实现 BGA、CSP、FC 与 PLCC、QFP 等器件共同组装，甚至是和通孔插装元器件共存，模板的尺寸也不能唯一固定了。

- 局部减薄(Step-Down)模板：模板大部分面积厚度仍取决于一般元器件所需厚度，在 BGA、CSP、F·C 等器件处将模板用化学的方法减薄，这样使用同一块模板就能满足不同元器件的需要。
- 局部增厚(Step-Up)模板：当 PCB 上装有 COB(Chip On Board，板上芯片)器件时，为了不被 COB 的凸出影响，需要在模板上 COB 的位置局部增厚，以能覆盖 COB 为目的，凸出部分与模板呈圆弧过渡，以保证印刷时刮刀能流畅地通过。

模板设计时应该注意的问题如下。

(1) 细间距 IC/QFP，为防止应力集中，最好两端为倒圆角。

(2) 片状组件的防锡珠开法最好选择内凹开法，这样可以避免墓碑现象。

(3) 模板设计时，开口宽度应至少保证 4 颗最大的锡球能顺畅通过。

4.7 模板的使用

模板使用时需要注意的事项如下。

(1) 轻拿轻放。

(2) 使用前应先清洗/抹拭。

(3) 焊锡膏/红胶要搅拌均匀。

(4) 印压调到最佳。

(5) 最好使用贴板印刷。

(6) 脱模速度不宜过快。

(7) 避免硬物伤及模板。

(8) 用完及时清洗，并置于专用储藏架上。

4.8 模板的清洗

模板的清洗方式分为擦拭和超声波清洗两种。

1. 擦拭

擦拭又分为手工擦拭和机器擦拭。擦拭的特点是方便、成本低，但不能彻底地清洁模板。

(1) 手工擦拭。用预先浸泡了清洁剂的不起毛抹布(或专用模板擦拭纸)去擦拭模板，以清除未固化的焊锡膏或胶剂。

(2) 机器擦拭。有些印刷机带有自动擦拭功能，动作前机器会先喷射清洁剂到专用的模板擦拭纸上。

2. 超声波清洗

超声波清洗分为浸泡式和喷雾式两种。超声波清洗的特点是能够彻底地清除模板上的焊锡膏、胶剂及各种污物，但浸泡式清洗可能会把模板洗脱。

理想的模板清洗剂必须是实用的、有效的以及对人和环境都是安全的，同时它还必须能够很好地清除模板上的焊锡膏。现在有专用的模板清洗剂，但它可能会把模板洗脱，使用时应慎重。若无特别要求，可用酒精或去离子水代替模板专用清洗剂。

4.9 影响模板品质的因素

影响模板品质的因素主要有以下几点。

(1) 制作工艺。

(2) 使用的材料。

(3) 开口设计。

(4) 制作资料。

(5) 使用方法。

(6) 模板清洗。

(7) 模板储存。

本 章 小 结

本章介绍了模板的定义、模板的功能、模板的使用目的以及模板的形状，介绍了模板的演变过程。阐述了模板制造的 3 个主要技术，即化学蚀刻、激光切割和电铸成形，分析了各自的优缺点，并对不同制作工艺制作的模板进行了比较。介绍了模板的后处理：表面打磨和电抛光。还阐述了模板的开口设计，给出了模板的设计规范。最后介绍了模板的使用和清洗以及影响模板品质的因素。

思考与练习

1. 写出表面组装技术中使用模板的目的及模板的功能。

2. 写出模板的演变过程。

3. 写出使用化学蚀刻法制作模板的工艺流程。

4. 通过化学蚀刻法制作的模板有哪些优缺点？

5. 写出使用激光切割法制作模板的工艺流程。

6. 通过激光切割法制作的模板有哪些优缺点？

7. 写出使用电铸成形法制作模板的工艺流程。

8. 通过电铸成形法制作的模板有哪些优缺点？

9. 在模板的后处理中，表面打磨和电抛光的目的各是什么？

10. 如何进行模板的开口设计？

11. 在使用模板过程中应注意哪些事项？

12. 写出清洗模板的方法。

13. 影响模板品质的因素有哪些？

第 5 章

表面组装工艺文件

教学导航

教学目标

- 了解工艺文件的定义。
- 了解 TY-58A 贴片型插卡音箱组装的工艺文件。

知识点

- 工艺文件的定义。
- TY-58A 贴片型插卡音箱组装的工艺文件。

难点与重点

- 对 TY-58A 贴片型插卡音箱组装的工艺文件的理解和掌握。

学习方法

- 结合实训过程,理解工艺文件的作用。
- 针对具体的产品,练习编制相应的工艺文件。

5.1　工艺文件的定义

工艺文件是指某个生产或流通环节的设备、产品等的具体的操作、包装、检验、流通等的详细规范书。

工艺文件是将组织生产过程的程序、方法、手段及标准用文字及图表的形式来表示，其作用是指导产品制造过程的一切生产活动，使之纳入规范有序的轨道。

凡是工艺部门编制的工艺计划、工艺标准、工艺方案、质量控制规程，都属于工艺文件的范畴。工艺文件是带有强制性的纪律性文件，不允许用口头的形式来表达，必须采用规范的书面形式，而且任何人不得随意修改，违反工艺文件属于违纪行为。

工艺文件是用来指导生产的，因此要做到正确、完整、统一、清晰。

5.2　工艺文件的作用

在产品的不同阶段，工艺文件的作用有所不同。试制试产阶段主要是验证产品的设计(结构、功能)和关键工艺。批量生产阶段主要是验证工艺流程、生产设备和工艺装备是否满足批量生产的要求。

工艺文件的主要作用如下。

(1) 为生产部门提供规定的流程和工序，便于组织产品有序地生产。

(2) 提出各工序和岗位的技术要求和操作方法，保证操作员工生产出符合质量要求的产品。

(3) 为生产计划部门和核算部门确定工时定额和材料定额，控制产品的制造成本和生产效率。

(4) 按照文件要求组织生产部门的工艺纪律管理和员工管理。

5.3　工艺文件的分类

电子产品的工艺文件种类也和设计文件一样，是根据产品生产中的实际需要来决定的。电子产品的设计文件也可以用于指导生产，因此，有些设计文件可以直接用做工艺文件。例如，电路图可以供维修岗位员工维修产品使用，调试说明可以供调试岗位员工在生产中调试使用。此外，电子产品还有其他一些工艺文件，主要有以下几种。

1．通用工艺规范

通用工艺规范是为了保证正确的操作或工作方法而提出的对生产所有产品或多种产品均适用的工作要求。例如，手工焊接工艺规范、防静电管理办法等。

2．产品工艺流程

产品工艺流程是根据产品要求和企业内生产组织、设备条件而拟制的产品生产流程或步骤，一般通过工艺技术人员画出的工艺流程图来表示。生产部门根据流程图可以组织物料采购、人员安排和确定生产计划等。

3．岗位作业指导书

岗位作业指导书是供操作员工使用的技术指导性文件。例如，设备操作规程、插件作业指导书、补焊作业指导书、程序读写作业指导书、检验作业指导书等。

4．工艺定额

工艺定额是供成本核算部门和生产管理部门做人力资源管理和成本核算用的。工艺技术人员根据产品结构和技术要求，计算出制造每一件产品所消耗的原材料和工时，即材料定额和工时定额。

5．生产设备工作程序和测试程序

生产设备工作程序和测试程序主要是指某些生产设备，如贴片机、插件机等贴装电子产品的程序，以及某些测试设备，如 ICT 检测产品所用的测试程序。程序编制完成后供所在岗位的员工使用。

6．生产工装或测试工装的设计和制作文件

生产工装或测试工装的设计和制作文件是为制作生产工装和测试工装而编制的工装设计文件和加工文件。

5.4　TY-58A 贴片型插卡音箱组装的工艺文件

TY-58A 贴片插卡音箱组装所需要的工艺文件主要有：模板印刷工艺文件、印刷检查工艺文件、元件贴装工艺文件、回流焊接工艺文件、炉后检验工艺文件。

1．模板印刷工艺文件

模板印刷工艺文件是产品在进行焊锡膏印刷工序作业时的指导文件，是产品在进行焊锡膏印刷工序作业时的内容、要求、步骤、判定、工艺参数设置的基本依据。模板印

刷工艺文件如图 5-1 所示。

2. 印刷检查工艺文件

印刷检查工艺文件是产品在进行印刷检查工序作业时的指导文件，是产品在进行印刷检查工序作业时的内容、要求、步骤、判定、工艺参数设置的基本依据。印刷检查工艺文件如图 5-2 所示。

3. 元件贴装工艺文件

元件贴装工艺文件是产品在进行贴装工序作业时的指导文件，是产品在进行贴装工序作业时的内容、要求、步骤、判定、工艺参数设置的基本依据。元件贴装工艺文件如图 5-3 所示。

4. 回流焊接工艺文件

回流焊接工艺文件是产品在进行焊接工序作业时的指导文件，是产品在进行回流焊接工序作业时的内容、要求、步骤、判定、工艺参数设置的基本依据。回流焊接工艺文件如图 5-4 所示。

5. 炉后检验工艺文件

炉后检验工艺文件是产品在进行检测工序作业时的指导文件，是产品在进行检测工序作业时的内容、要求、步骤、工艺参数设置的基本依据。炉后检验工艺文件如图 5-5 和图 5-6 所示。

21世纪高职高专电子信息类实用规划教材

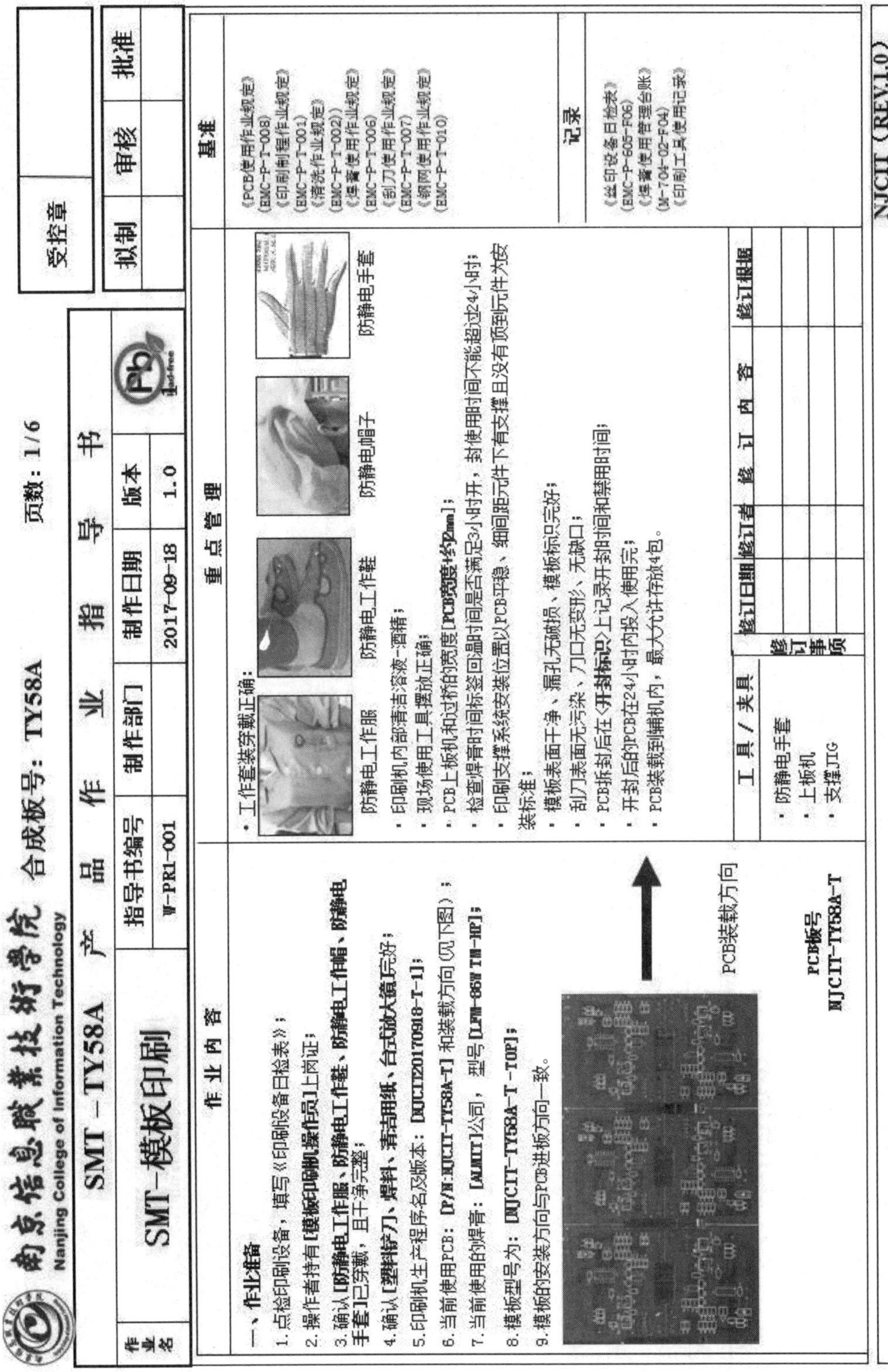

南京信息职业技术学院　Nanjing College of Information Technology

| SMT-TY58A | 产　品 | 作　业　指　导　书 | 合成板号：TY58A | 页数：1/6 |

| 指导书编号 W-PRI-001 | 制作部门 | 制作日期 2017-09-18 | 版本 1.0 |

受控章
拟制　审核　批准

作业名：SMT-模板印刷

作业内容

一、作业准备
1. 点检印刷设备，填写《印刷设备日检表》；
2. 操作者持有《模板印刷操作员》上岗证；
3. 确认[防静电工作服、防静电工作鞋、防静电帽、防静电手套]穿戴；且干净整齐；
4. 确认[塑料括刀、焊料、清洁纸、合成放大镜]完好；
5. 印刷机生产程序名及版本：[NJCIT20170918-T-1]；
6. 当前使用PCB：[P/N:NJCIT-TY58A-T] 和装载方向（见下图）；
7. 当前使用的焊料为：[ALMIT]公司，型号：[LFM-86W TM-HP]；
8. 模板型号为：[NJCIT-TY58A-T-TOP]；
9. 模板的安装方向与PCB进板方向一致。

PCB装载方向
PCB板号 NJCIT-TY58A-T

重点管理

- 工作套装穿戴正确：
  防静电工作服　防静电工作鞋　防静电帽子　防静电手套
- 印刷机内部清洁溶液-酒精
- 现场使用工具摆放正确；
- PCB上钢和过孔的湿度 [PCB宽度≥约2mm]；
- 检查焊膏封口时间签回温时间是否满足3小时/4小时，封口使用时间不能超过24小时；
- 印刷支撑系统交装位置以PCB平稳、细间距元件下有支撑且没有顶到元件为宜；

装标准：
- 模板表面干净，漏孔无破损，模板标记完好；
- 括刀表面无污染，刀口无变形，无缺口；
- PCB拆封后在《开封标识》上记录开封时间和禁用时间；
- 开封后的PCB在24小时内投入使用完；
- PCB装载到钢网内，最大六小时行放4包。

工具/夹具
- 防静电手套
- 上板机
- 支撑JIG

基准

《PCB使用作业规定》（EMC-P-T-008）
《印刷作业规定》（EMC-P-T-001）
《清洗作业规定》（EMC-P-T-002）
《焊膏使用作业规定》（EMC-P-T-006）
《括刀使用作业规定》（EMC-P-T-007）
《钢网使用作业规定》（EMC-P-T-010）

记录

《丝印设备日检表》（EMC-P-605-F06）
《焊膏使用管理台账》（W-704-02-F04）
《印刷工具使用记录》

| 修订日期 | 修订者 | 修订内容 | 修订根据 |
| 修订事项 | | | |

NJCIT (REV.1.0)

图 5-1　模板印刷工艺文件

21世纪高职高专电子信息类实用规划教材

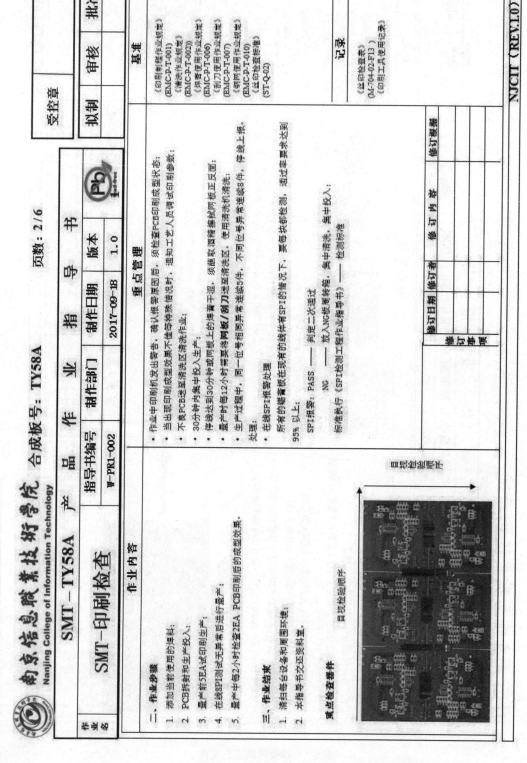

南京信息职业技术学院
Nanjing College of Information Technology

SMT-TY58A 产品作业指导书		合成版号: TY58A		
作业名	SMT-印刷检查	指导书编号 W-PR1-002	制作部门	页数: 2/6
			制作日期 2017-09-18	版本 1.0

受控章
拟制　审核　批准

作业内容

二、作业步骤
1. 添加当前使用的焊料;
2. PCB拆封和生产投入;
3. 量产前5EA试印刷生产;
4. 在线SPI测试无异常后进行量产;
5. 量产中每2小时抽检2EA PCB印刷后的成型效果。

三、作业结束
1. 清扫每台设备和周围环境;
2. 本指导书次运返资料室。

黄点检查器件

目视检查顺序

重点管理
- 作业中印刷机发出警告，确认报警原因后，须检查PCB印刷成型状态;
- 当出现印刷成型效果不佳等特殊情况时，通知工艺人员得试印刷参数;
  不良PCB送至清洗区清洗生产;
  30分钟内集中投入生产。
- 停线达到30分钟或网板上的焊膏干涸。须蘸取困糊擦拭网板正反面;
- 量产时每12小时相同异常将网板/刮刀送至清洗区。使用清洗机清洗;
  生产过程中，同一位号相同异常连续5件，不同位号异常连续8件，停线上机。
  处理。
- 在线SPI报警处理
  所有的螺藏板在现场存留SPI的情况下，累每块都检测。通过率要求达到
  95%以上:
  SPI报警: PASS —— 判定二次通过
  NG —— 放入NG板周转箱、集中清洗、集中投入;
  标准执行 (SPI检测工程作业指导书) —— 检测标准

基准
《印刷制程作业规定》(EMC-P-T-001)
《清洗作业规定》(EMC-P-T-002)
《焊膏使用作业规定》(EMC-P-T-006)
《刮刀使用作业规定》(EMC-P-T-007)
《钢网使用作业规定》(EMC-P-T-010)
《丝印检查标准》(ST-Q-02)

记录
《丝印检查表》
(M-704-02-F13)
《印刷工具使用记录》

修订状态			
修订日期	修订者	修订内容	修订根据

NJCIT (REV.1.0)

图5-2　印刷检查工艺文件

南京信息职业技术学院
Nanjing College of Information Technology

SMT－TY58A	产　品	作　业	指　导　书	页数：3/6

合成板号：TY58A

	指导书编号	制作部门	制作日期	版本
作业名 SMT-元件贴装	W-PR1-003		2017-09-18	1.0

受控章

拟制	审核	批准

作业内容

一、作业准备
1. 点检贴片设备，填写《贴片设备日点检表》；
2. 操作者持有[设备操作]上岗证；
3. 确认[防静电工作服、防静电工作帽、防静电工作鞋、防静电手镯]已穿戴，且干净完整；
4. 确认[送料器柄、剪刀]操作正确；
5. 贴片机程序名及版本：[NJCIT20170918-T-2]；
6. 确认贴装位置上材料与《操位表》一致。

二、作业步骤
1. 量产前5EA试生产；
2. 检查贴装效果，无异常，进行生产；
3. 操作员每隔一小时对设备上的材料余量进行检查；
4. 材料余量不足时，从＜材料港放区＞领出需更换的材料；
5. 执行扫码系统；
6. "三对原则"和"双重确认"进行材料更换；
7. 生产中间一旦连续5件、不同位置累计8件出现异常，立即停线处理。

三、作业结束
1. 清扫每台设备和周围环境；
2. 本指导书依次还资料柜；

重点管理

工作衣装穿戴正确：

防静电工作服
防静电工作鞋
防静电工作帽
防静电镯子
剪刀
送料档架

作业工具摆放正确：

材料更换注意投入方向：盘装材料投入方向；材料端带循卡槽卡入Feeder内；此方向为元件上料方向；Tray盘投入方向：

* 端带卡入Feeder内为元件方向
* tray盘上料方向
三对原则：接对港位表、接对贴料盒、接对材料本位；
双重确认：作业员确认、机动确认。

工具／夹具
- 黄色标签
- 剪刀
- 送料器柄

基准

《贴片作业管理规定》
(EMC-P-404-F02)
《温度元件作业规定》
(EMC-P-T-003)
《抛料处置作业规定》
(EMC-P-T-015)

记录

《有线静电手镯青电日点检表》(SMC-P-606-F07)
(W-OPI-39)
《生产记录表》
0AJ-704-02-F10
《换料记录表》
0AJ-704-02-F18)

修订日期	修订者	修订内容	修订批准

NJCIT (REV.1.0)

图 5-3　元件贴装工艺文件

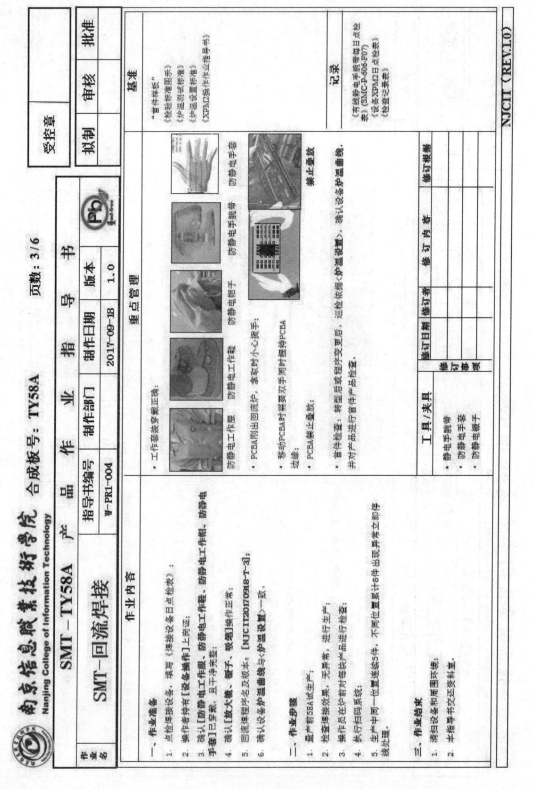

图 5-4　回流焊接工艺文件

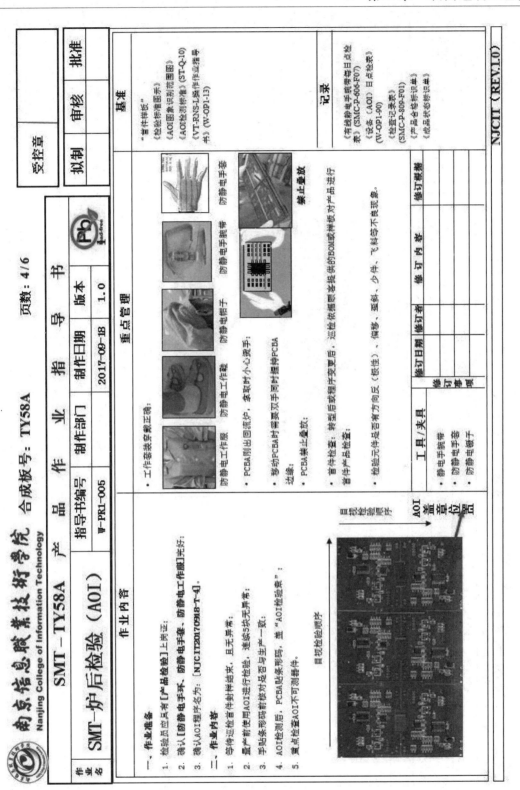

图 5-5 炉后检验工艺文件(1)

南京信息职业技术学院 Nanjing College of Information Technology

21世纪高职高专电子信息类实用规划教材

受控章	拟制	审核	批准

SMT－TY58A 产 品 作 业 指 导 书

合成板号：TY58A　　页数：5/6

指导书编号	制作部门	制作日期	版本
W-PR1-006		2017-09-18	1.0

作业名：SMT-炉后检验（AOI）

一、作业内容

6. AOI不可测元件列表：无不可测元件。

三、不良处理

1. 检验不合格的产品用"箭头标贴"标示出不良位置；
2. 不良产品放入"不良品区"插槽内；
3. 《检查记录表》内及时记录不良位号和现象；
4. 集中送至修理区维修；
5. 修理未完成的产品取回后，黄点检查至不良位号及其周围区域的元件；
6. 取下产品上的"箭头标贴"，合格产品放入周转箱。
7. 使用AOI二次全检。

四、作业结束

1. 清扫设备和周围环境；
2. 本指导书交还资料室。

二、重点管理

- 插槽使用时注意请勿碰到产品元件上；

描准架1

- 生产车间一位置连续5件，不同位置累计8件出现异常立即停线处理；
- 不良产品在本班次后做修理积和全检作业；

描准架2

产品移至不接触部品处

移至洗口处，与部品密密接触。

工具/夹具	基准	记录
静电手腕带	"基件板"；	《有线静电手腕带每日点位表》(SMC-P-606-F07)
防静电手套	《检验标准图示》	《设备（AOI）日点检表》(W-OP1-90)
防静电镊子	《AOI图象识别范围图》	《检查记录表》(SMC-P-809-F01)
	《AOI检测标准》(ST-Q-10)	《产品合格标识单》
	《VT-RNS-L器件作业指导书》(W-OP1-13)	《成品状态标识单》

修订事项	修订日期	修订者	修订内容	修订编号

NJCIT《REV.1.0》

图 5-6　炉后检验工艺文件(2)

本 章 小 结

　　本章首先介绍了工艺文件的定义，然后介绍了工艺文件的作用以及分类，最后给出了 TY-58A 贴片插卡音箱组装所需要的模板印刷工艺文件、印刷检查工艺文件、元件贴装工艺文件、回流焊接工艺文件、炉后检验工艺文件。

思考与练习

　　1. 什么是工艺文件？生产过程中工艺文件有哪些作用？

　　2. 写出工艺文件的分类。

　　3. SMT 生产过程中，模板印刷工艺文件的作用是什么？试编写一份模板印刷工艺文件。

　　4. SMT 生产过程中，贴装工艺文件的作用是什么？试编写一份贴装工艺文件。

　　5. SMT 生产过程中，焊接工艺文件的作用是什么？试编写一份焊接工艺文件。

　　6. SMT 生产过程中，检测工艺文件的作用是什么？试编写一份检测工艺文件。

第 6 章

静 电 防 护

教学导航

教学目标

- 了解静电产生的方式。
- 了解静电的危害。
- 掌握静电防护的原理。
- 掌握静电的各项防护措施。
- 掌握 ESD 的防护物品。

知识点

- 静电的概念。
- 静电的产生。
- 人体静电的产生方式。
- 静电的危害。
- 静电的防护原理。
- 静电的各项防护措施。
- ESD 的防护物品。
- ESD 每日 10 项自检的步骤。

难点与重点

- 静电的防护原理。
- 静电的各项防护措施。
- ESD 每日 10 项自检的步骤。

学习方法

- 结合学校的 SMT 实训工厂,学习静电的防护措施。
- 结合实际理解,学习 ESD 每日 10 项自检的步骤。

6.1　静电的概念

静电，即静止不动的电荷。也就是说，当电荷积聚不动时，这种电荷就称为静电。

静电是一种电能，它存在于物体表面，是正负电荷在局部失衡时产生的一种现象。静电现象是指电荷在产生与消失过程中所表现出的现象的总称，如摩擦起电就是一种静电现象。

6.2　静电的产生

1. 摩擦起电

除了不同物质之间的接触摩擦会产生静电外，在相同物质之间也会产生静电，例如当把两块紧密接触的塑料分开时能产生高达 10kV 以上的静电；在干燥的环境中，当人快速从桌面上拿起一本书时，书的表面有时也会产生静电。几乎常见的非金属和金属之间的接触分离均会产生静电，这也是最常见的产生静电的方式之一。摩擦起电示意图如图 6-1 所示。

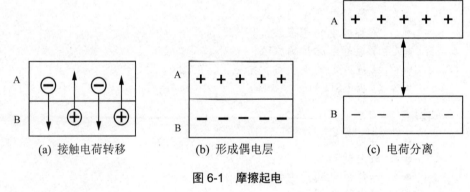

　(a) 接触电荷转移　　　　(b) 形成偶电层　　　　(c) 电荷分离

图 6-1　摩擦起电

2. 剥离带电

当相互密切结合的物体被剥离时会引起电荷的分离，出现分离物体双方带电的现象。剥离带电示意图如图 6-2 所示。

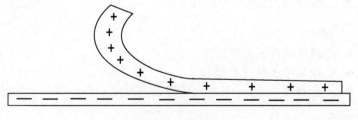

图 6-2　剥离带电

3. 断裂带电

材料因机械破裂可以使带电粒子分开，断裂成两段后的材料各带上等量的异性电荷。断裂带电示意图如图 6-3 所示。

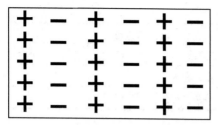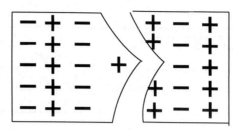

(a) 破裂前正负电荷平衡   (b) 破裂后两端各带上异性电荷

图 6-3 断裂带电

4. 高速运动中的物体带电

物体做高速运动时，物体表面会因与空气的摩擦而带电。

6.3 人体静电的产生

人体形成静电的原因是人体在日常工作中把人体所消耗的机械能转换为了电能。

人体是一个静电导体，当与大地绝缘时(如穿的鞋底为绝缘材质)，人体与大地就形成一个电容，使电荷储存起来，其充电电压一般小于或等于 50kV。当电荷蓄积到一定程度，一旦条件成熟就会放电形成火花，瞬时放电电压可达数千千伏，放电功率可达数千千瓦。人体活动的静电电位如表 6-1 所示。

表 6-1 人体活动的静电电位

人体活动	静电电位/kV	
	10%~20%RH	65%~90%RH
人在地毯上走动	35	15
人在乙烯树脂地板上行走	12	0.25
人在工作台上操作	6	0.1
包装工作说明书所使用的乙烯树脂封皮	7	0.6
从工作台上拿起普通聚乙烯袋	20	1.2
从垫有聚氨基甲酸泡沫的工作椅上站起	18	1.5

人体带电后，瞬时触摸到地线会产生放电现象，并产生反应，其反应程度称为静电感应度。不同静电压放电过程中人对电击的感应度如表 6-2 所示。

表 6-2 人对电击的感应度

人体静电电位/kV	电击感应度
1.0	无感觉
2.0	手指外侧有感觉，发出微弱的放电声
2.5	有针刺的感觉，但不疼
4.0	有针深刺的感觉，手指微疼，见到放电微光

续表

人体静电电位/kV	电击感应度
6.0	手指感到剧疼，手腕感到沉重
10.0	手腕感到剧疼，手感到麻木
12.0	手指感到剧麻，整只手感到被强烈电击

人体静电的产生方式有起步电流和摩擦带电两种方式。

1. 起步电流

起步电流是当人行走在绝缘地板上时产生的静电电流。这种电流一般小于 10A，其大小与步行方式、地板材料有关。

2. 摩擦带电

在日常工作中，人体会与其所穿的衣服、鞋帽、手套产生摩擦，并且衣服与周围物体之间、鞋子与地板之间、手与工件之间等都可产生摩擦。此外，当人体靠近带电物体时，也会感应出大小相等、极性相反的电荷或者吸附带电颗粒，所有这些都是人体产生静电电荷的诱因，进而通过传导和静电感应，最终使人体呈带电状态。

6.4 静电的危害

1. 静电对电子产品产生危害的原因

(1) 体积小、集成度高的器件得到了大规模生产，从而导致导线间距越来越小，绝缘膜越来越薄，致使耐击穿电压也越来越低(最低的击穿电压为 20V)。

(2) 电子产品在生产、运输、储存、转运等过程中所产生的静电电压可能远远超过其击穿电压阈值，这就可能会造成器件的击穿或失效，影响产品的技术指标。

2. 静电对电子产品的损害形式

静电的基本物理特性为：吸引或排斥，与大地有电位差时会产生放电电流。这 3 种特性会对电子元件产生以下影响。

(1) 静电吸附灰尘，降低元件的绝缘性(缩短寿命)。

(2) 静电放电破坏，使元件受损而不能工作(完全破坏)。

(3) 静电放电电场或电流产生的热会使元件受伤(潜在损伤)。

(4) 静电放电产生的电磁场幅度很大(达几百伏/米)，频谱极宽(从几十兆赫到几千兆赫)，对电子产品会造成干扰甚至损坏(电磁干扰)。

6.5 静电的防护原理

1. 避免静电的产生

对有可能产生静电的地方要防止静电荷的聚集，即采取一定的措施避免或减少静电放电的产生。可采用边产生边泄漏的办法达到消除电荷聚集的目的。

2. 创造条件放电

(1) 当绝缘物体带电时，电荷不能流动，无法进行泄漏，可利用静电消除器产生异性离子来中和静电荷。

(2) 当带电的物体是导体时，则可采用简单的接地泄漏办法，使其所带电荷完全消除。

(3) 要构成一个完整的静电安全工作区，至少应包括有效的静电台垫、专用地线和防静电腕带等内容。

6.6　静电的各项防护措施

静电的防护可以从以下几个方面来采取措施。

1. 防止静电的产生

1) 控制静电的生成环境

(1) 湿度控制，在不导致器材或产品腐蚀生锈或其他危害的前提下，尽量加大湿度。

(2) 温度控制，在可能的条件下尽量降低温度，包括环境温度和物体接触温度。

(3) 尘埃控制，此为防止附着(吸附)带电的重要措施。

(4) 地板、桌椅面料、工作台等应由防静电材料制成，并正确接地。

(5) 静电敏感产品的运送、传递、存储及包装与拆包装应采取静电防护措施。

(6) 喷射、流动、运送、缠绕和分离的速度应予以控制。

2) 防止人体带电

(1) 佩戴防静电腕带。

(2) 穿戴防静电服装、衣、帽。

(3) 穿戴防静电鞋袜、脚链。

(4) 佩戴防静电手套、指套。

(5) 严格禁止进行与工作无关的人体活动(如做操、打闹、梳头发、吃东西等)。

(6) 进行离子风浴。

3) 材料选用要求

(1) 凡一定或有可能发生接触分离的材料应考虑使其在静电序列表上的位次尽量靠近。

(2) 应使材料的表面光滑、平整、洁净无污。

(3) 使用静电导体材料和低电阻耗散材料。

4) 工艺控制措施

(1) 制定并实施防静电操作程序。

(2) 使用防静电周转或运输盘、盒、箱及其他容器、小车。

(3) 使用防静电工具(烙铁、吸银器等)。

(4) 采用防静电包装。

(5) 对有静电燃烧、爆炸可能性的液体材料设置必要的静止时间。

(6) 尽量减少物体间的接触压力、时间、面接(如布匹、纸张、线材、薄膜材料、胶带等的运送和传递)并限制运行速度不可过快。

2. 减少和消除静电

1) 接地

(1) 地板和工作桌、椅、台面、台垫正确接地。

(2) 人体接地。

(3) 工具(烙铁、吸银器、台架、运输小车等)接地。

(4) 设备、仪器接地。

(5) 管路、运输传送设施、装罐设备、存储设施(设备)接地。

2) 增湿

(1) 使用各种适宜的加湿器、喷雾装置。

(2) 采用湿拖布拖擦地面或通过洒水等方法以提高带电体附近或环境的湿度。

(3) 在允许的情况下尽量选用吸湿性材料。

3) 中和

针对场所和带电物体的形状、特点,选用适宜类型的静电消除器,以消除器材、产品、场所、设备和人体上的静电。

4) 掺杂

(1) 在非导体材料、器具的表面通过喷、涂、镀、敷、印、贴等方式附上一层物质,以增加表面电导率,加速电荷的泄漏与释放。

(2) 在塑料、橡胶、防腐涂料等非导体材料中施加金铜粉末、导电纤维、炭黑粉等物质,以增加其电导性。

(3) 在布匹、地毯等织物中混入导电性合成纤维或金属丝,以改善织物的抗静电性能。

(4) 在易于产生静电的液体(如汽油、航空煤油等)中加入化学药品作为抗静电添加剂,以改善液体材料的电导率。

3. 减少静电危害

1) 采用静电屏蔽和接地设计

(1) 对敏感部位和敏感元器件采用加防护盖、罩、片等静电屏蔽措施,以减少感应和放电危害。

(2) 应尽量避免孤立导体的存在。

2) 确保设备、设施和作业场所的静电安全要求

(1) 控制易燃、易爆的液体或粉末,使爆炸性化合物浓度在燃烧、爆炸的极限浓度之下。

(2) 保持作业场所各种接地设施和系统(雷电保护、故障保护、防静电操作等)正确和有效接地。

(3) 控制作业区内各点静电电位在标准允许的范围之内。

(4) 安装局部放电器、放电刷等,以通过电晕放电不断释放低电能量,使其积聚的能量在安全范围之内。

(5) 严格执行静电安全作业操作规范。

4. 严格执行防静电管理

1) 警示、标识及符号的使用

(1) 应在静电敏感产品上和内外包装件上作出标示标记或符号。

(2) 应在装置和设备中的静电敏感部件、部位，按照标准的要求作出标记或警示符号。

(3) 应对防静电作业场所(工作区)作出规定的特别标记。

2) 按标准规定检验和审计

(1) 对有防静电性能要求的工具、器具、服装、鞋袜、地面、桌椅、工作台等应定期检测，使之保持合格状态。

(2) 对有明确指标要求的环境参数(如湿度、温度、浓度、静电位等)应按规定检测方法检测。

(3) 对人体和设备、装置、系统的接地状况应按规定检测。

(4) 对产品的静电敏感度应按标准的规定进行试验，并建立质量分析和反馈制度。

6.7　ESD 的防护物品

ESD 的防护物品有静电环、静电桌垫、静电地垫、静电衣帽、静电手套、静电袋、静电台车、静电隔板、静电标签、真空吸笔、静电镊子、接地线扣、静电零件盒等。对部分防护物品介绍如下。

1. 静电环的静电桌垫

静电环如图 6-4 所示，静电桌垫如图 6-5 所示。

图6-4　静电环　　　　　　　　　　图6-5　静电桌垫

2. 静电地垫的静电衣帽

静电地垫如图 6-6 所示，静电衣帽如图 6-7 所示。

3. 静电手套和静电袋

静电手套如图 6-8 所示，静电袋如图 6-9 所示。

图 6-6 静电地垫

图 6-7 静电衣帽

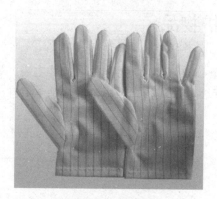

图 6-8 静电手套

图 6-9 静电袋

6.8 静电测试工具的使用

1. 静电环测试器

静电环测试器的作用是测试静电环是否合格，如图 6-10 所示。

2. 表面阻抗测试器

表面阻抗测试器的作用是测试桌面、桌垫、地垫等表面的阻抗，如图 6-11 所示。

3. 静电压测试器

静电压测试器的作用是测量静电电压，如图 6-12 所示。

图 6-10   静电环测试器

图 6-11   表面阻抗测试器

图 6-12   静电压测试器

6.9   防静电符号

1. 静电敏感基本符号

如图 6-13 所示的是静电敏感基本符号。

2. 静电敏感工作区标记

如图 6-14 所示的是静电敏感工作区标记。

3. 静电敏感产品包装标记

如图 6-15 所示的是静电敏感产品包装标记。

图 6-13   静电敏感基本符号

图 6-14　静电敏感工作区标记

图 6-15　静电敏感产品包装标记

6.10　ESD 每日 10 项自检的步骤

ESD 每日 10 项自检的步骤如下。

(1) 检查自己的工位以确保工作台上没有会产生静电的物体(如塑料袋)或会产生静电的工具。

(2) 检查自己工位的接地线是否被拆开或松动,特别是当仪器或设备被移动过之后。

(3) 如果使用离子风机,则打开开关检查设备是否正常。

(4) 清除工作范围内会产生静电的物体,如塑料袋、盒子、泡沫、胶带及个人物品,至少放置在 1 米以外。

(5) 检查所有 ESD 敏感零件,将部件或产品都妥善放置在导电容器内,而不暴露在外。

(6) 确保不会有易产生静电的物品放置在贴有 ESD 敏感标志的导电容器内。

(7) 确保所有导电容器外都贴有相应的静电注意标志。

(8) 确保所有的清洁器具、溶剂、毛皮和喷雾器在自己的工位上使用时都须经 ESD 专管员的书面同意。

(9) 不能允许任何没有接地措施的人员进入 ESD 静电防护区域 1 米以内的范围,任何人员进入静电防护区域或接触任何物品,必须要求他采取防静电措施并穿静电防护衣。

(10) 穿戴好自己的手环或脚环及静电防护衣,根据 ESD 专管员的演示方法测试手环或脚环的静电防护情况。

本 章 小 结

本章首先介绍了静电的概念,然后阐述了静电的 4 种产生方式:摩擦起电、剥离起电、断裂带电以及高速运动中的物体带电。介绍了人体静电的产生及其方式,并阐述了静电的危害以及静电的防护原理。最后介绍了 ESD 的防护物品并给出了静电的各项防护措施。

思考与练习

1. 什么是静电？静电是如何产生的？
2. 人体静电的产生方式有哪些？
3. 静电为什么能够对电子产品造成危害？
4. 静电对电子产品的损害形式有哪些？
5. 静电防护的原理是什么？
6. 如何防止静电的产生？
7. 减少和消除静电的措施有哪些？
8. 写出 SMT 工厂中常见的 ESD 防护物品。
9. SMT 工厂中常见的静电测试工具有哪些？如何使用？
10. 写出 ESD 每日 10 项自检的步骤。

第 7 章

5S 管 理

教学导航

教学目标

- 掌握 5S 的内容。
- 掌握 5S 的作用。
- 了解实施 5S 的主要手段。
- 了解 5S 规范表。

知识点

- 5S 的内容。
- 5S 之间的关系。
- 5S 的作用。
- 实施 5S 的主要手段。
- 5S 规范表。

难点与重点

- 5S 的作用。
- 实施 5S 的主要手段。
- 5S 规范表。

学习方法

- 将 5S 运用到生活中，体会并理解 5S 的作用。
- 结合实际，掌握实施 5S 的主要手段。

7.1 5S 的 概 念

5S 是指整理(Seiri)、整顿(Seiton)、清扫(Seiso)、清洁(Seiketsu)、习惯(纪律)(Shitsuke)，5 个词语的第一个字母都是 S。

1. 整理

将工作场所内的物品分类，并把不要的物品坚决清理掉。将工作场所的物品区分为以下几种。

(1) 经常用的：放置在工作场所容易取到的位置，以便随手可以取到。

(2) 不经常用的：储存在专有的固定位置。

(3) 不再使用的：清除掉。

物品整理的目的是为了腾出更大的空间，防止物品混用、误用，创造一个干净的工作场所。软件的整理也不容忽视。

2. 整顿

把有用的物品按规定分类摆放好，并做好适当的标识，杜绝乱堆放、物品混淆不清、该找的东西找不到等无序现象的发生，减少寻找物品的时间，消除过多的积压物品，以便使工作场所一目了然，从而创造整齐明快的工作环境。

整顿的方法如下。

(1) 对放置的场所按物品使用频率进行合理地规划，如经常使用物品区、不常使用物品区、废品区等。

(2) 将物品分别在上述场所分类摆放整齐。

(3) 对这些物品在显著位置做好适当的标识。

3. 清扫

将工作场所内所有的地方，工作时使用的仪器、设备、工模夹治具、模具、材料等打扫干净，使工作场所保持一个干净、宽敞、明亮的环境。其目的是维护生产安全、减少安全隐患、保证品质。

清扫的方法如下。

(1) 清扫地面、墙上、天花板上的所有物品。

(2) 对仪器设备、工模夹治具等进行清理、润滑，对破损的物品进行修理。

(3) 防止污染，对水源污染、噪声污染进行治理。

4. 清洁

经常性地做整理、整顿、清扫工作，并对以上 3 项标准进行定期或不定期的监督检查。其具体方法如下。

(1) 分配 5S 工作责任人，负责相关的 5S 责任事项。

(2) 每天上下班花 3～5 分钟做好 5S 工作。

(3) 经常性地进行自我检查、相互检查、专职定期或不定期检查等。

5. 习惯(纪律)

每个员工都养成良好的习惯，遵守规则，积极主动。

(1) 遵守作息时间。

(2) 工作时精神饱满。

(3) 仪表整齐。

(4) 保持环境的清洁等。

7.2　5S 之间的关系

整理、整顿、清扫、清洁、习惯(纪律)，这 5 个 S 并不是各自独立、互不相关的，它们之间是一种相辅相成、缺一不可的关系。

整理是整顿的基础，整顿又是整理的巩固，清扫是显现整理、整顿的效果，而通过清洁和习惯，则可以使企业形成一个整体的和善气氛。

5 个 S 之间的关系可以用如下几句口诀来表达。

(1) 只有整理没有整顿，物品真难找得到。

(2) 只有整顿没有整理，无法取舍乱糟糟。

(3) 只有整理、整顿没清扫，物品使用不可靠。

(4) 3S 之效果怎保证，清洁出来献一招。

(5) 标准作业练习惯，公司管理水平高。

7.3　5S 的 作 用

1. 提升公司形象

整洁的工作环境，饱满的工作情绪，有序的管理方法，能使顾客对公司有充分的信心，容易吸引顾客。5S 做得好，老顾客会不断地进行免费宣传，从而吸引更多的新顾客。一个好的公司形象在顾客、同行、员工的亲朋好友中相传，可以产生吸引力，从而吸引更多的优秀人才加入公司。

2. 营造团队精神，创造良好的企业文化，加强员工的归属感

共同的目标可以拉近员工的距离，建立团队感情，也容易带动员工努力上进的思想。当员工看到了实施 5S 的良好效果后，员工对自己的工作就会有一定的成就感。员工们养成了良好的习惯，都变成了有教养的员工，这容易塑造出良好的企业文化。

3. 减少浪费

(1) 经常习惯性地整理整顿，不需要专职整理人员，减少人力。

(2) 对物品进行规划分区、分类摆放，减少场所的浪费。

(3) 物品分区分类摆放，标识清楚，找物品的时间短，节约时间。

(4) 减少人力、减少场所、节约时间就是降低成本。

4. 保障品质

工作养成认真的习惯，做任何事情都一丝不苟、不马虎，品质自然有保障。

5. 改善情绪

清洁、整齐、优美的环境可以带来美好的心情，员工工作起来会更认真。上司、同事、下级谈吐有礼、举止文明，会给员工一种被尊重的感觉，使其容易融入这种大家庭的氛围中。

6. 有安全上的保障

工作场所宽敞明亮，通道畅通，地上不会随意摆放、丢弃物品，墙上不悬挂危险品，这些都会对员工人身、企业财产有相应的安全保障。

7. 提高效率

工作环境优美，工作氛围融洽，工作自然得心应手。物品摆放整齐，不用花时间寻找，工作效率自然得到提高。

7.4 如何实施 5S

5S 具体实施的办法主要有以下几方面。

1. 整理方面

区分需要使用和不需要使用的物品，主要有：①工作区及货仓的物品；②办公桌、文件柜的物品、文件、资料等；③生产现场的物品。

整理的方法有：①经常使用的物品放置于工作场所近处；②不经常使用的物品放置于储存室或货仓；③不能用或不再使用的物品作废弃物处理。

2. 整顿方面

清理掉无用的物品后，将有用物品分区分类定点摆放好，并作好相应的标识。其主要方法有：①清理无用品，腾出空间，规划场所；②规划放置方法；③物品摆放整齐；④给物品贴上相应的标识。

3. 清扫方面

将工作场所打扫干净，防止污染源。其主要方法是：①将地面、墙上、天花板等处打扫干净；②将机器设备、工模夹治具清理干净；③将有污染的水源、污油管、噪声源处理好。

4. 清洁方面

保持整理、整顿、清扫的成果，并加以监督检查。

5. 习惯方面

人人养成遵守 5S 的习惯，时时刻刻记住 5S 规范，建立良好的企业文化，使 5S 活动更注重于实质，而不流于形式。

7.5　实施 5S 的主要手段

实施 5S 的主要手段有查检表、红色标签战略和目视管理 3 种方法。

1. 查检表

根据不同的场所制定不同的查检表，即不同的 5S 操作规范，如《车间查检表》《货仓查检表》《厂区查检表》《办公室查检表》《宿舍查检表》《餐厅查检表》等。

通过查检表进行定期或不定期的检查，发现问题，及时采取纠正措施。

2. 红色标签战略

制作一批红色标签，其上的不合格项有：整理不合格、整顿不合格、清洁不合格。红色标签配合查检表一起使用，对 5S 实施不合格物品贴上红色标签，限期改正，并且作记录。公司内分部门，部门内分个人，分别绘制"红色标签比例图"，时刻起警示作用。

3. 目视管理

目视管理即一看便知、一眼就能识别，在 5S 实施上运用的效果也不错。

7.6　5S 规 范 表

1. 车间规范表

车间规范表如表 7-1 所示。

表 7-1　车间规范表

序号	项　目	规范内容
1	整理	a.把永远不用及不能用的物品清理掉。 b.把 1 个月以上不用的物品放置在指定位置。 c.把 1 周内要用的物品放置到近工区，摆放好。 d.把 3 日内要用的物品放到容易取到的位置
2	整顿	a.对工作区、物品放置区、通道位置进行规划并作明显标记。物品放置有合理规划。 b.物品应分类整齐摆放并进行标记。 c.通道畅通，无物品占用通道。 d.对生产线、工序号、设备、工模夹治具等进行标记。 e.仪器设备、工模夹治具摆放整齐，工作台面摆放整齐
3	清扫	a.地面、墙上、天花板、门窗打扫干净，无灰尘杂乱物。 b.工作台面清扫干净，无灰尘。 c.仪器设备、工模夹治具清理干净。 d.一些污染源、噪声设备要进行防护

序号	项 目	规范内容
4	清洁	a.每天上下班花 3～5 分钟做 5S 工作。 b.随时自我检查、互相检查，定期或不定期进行检查。 c.对不符合规定的情况及时纠正。 d.整理、整顿、清扫要保持非常好
5	习惯	a.员工戴厂牌，穿厂服且整洁得体，仪容整齐大方。 b.员工言谈举止文明有礼，对人热情大方。 c.员工工作精神饱满。 d.员工有团队精神，互帮互助，积极参加 5S 活动。 e.员工时间观念强

2. 货仓规范表

货仓规范表如表 7-2 所示。

表 7-2 货仓规范表

序号	项 目	规范内容
1	整理	a.对呆废滞料进行处理。 b.把 1 个月生产计划内不用的物品放到指定的位置。 c.把 1 周生产计划内要用的物品放到易取的位置
2	整顿	a.应有货仓总体规划图，并按规划图进行区域标识。 b.物品按规划进行放置，物品放置也应规划。 c.物品放置要整齐、容易收发。 d.物品在显著位置要有明显的标识，容易辨认。 e.货仓通道要畅通，不能堵塞。 f.运输工具使用后应摆放整齐。 g.消防器材要容易拿取
3	清扫	a.地面、墙上、天花板、门窗要打扫干净，不能有灰尘。 b.物品不能裸露摆放，包装外表要清扫干净。 c.运输工具要定期进行清理、加油。 d.物品储存区要通风，光线要好。 e.一些水源污染、油污管等要进行修护
4	清洁	a.每天上下班花 3～5 分钟做 5S 工作。 b.随时自我检查、互相检查，定期或不定期进行检查。 c.对不符合规范的情况及时纠正。 d.整理、整顿、清扫要保持得非常好
5	习惯	a.员工戴厂牌、穿厂服且整洁得体等，仪容整齐大方。 b.员工言谈举止文明有礼，对人热情大方。 c.员工工作精神饱满。 d.员工运输货物时小心谨慎，以防碰伤。 e.员工有团队精神，互帮互助，积极参加 5S 活动。 f.员工时间观念强

本 章 小 结

本章首先介绍了 5S 的概念以及 5S 各项之间的关系，阐明了 5S 的作用，接着介绍了如何实施 5S 和实施 5S 的主要手段，最后给出了车间规范表和货仓规范表。

思考与练习

1. 什么是 5S? 每一项的含义是什么?
2. 写出 5S 各项之间的关系。
3. 5S 在 SMT 工厂中的作用是什么?
4. 如何在 SMT 工厂中实施 5S 管理?
5. 实施 5S 的主要手段有哪些?

第8章

表面组装印刷工艺

教学导航

教学目标

- 了解表面组装印刷工艺的目的。
- 掌握表面组装印刷工艺的基本过程。
- 掌握日立 NP-04LP 印刷机的操作方法。
- 掌握表面组装印刷工艺的常见问题及解决措施。

知识点

- 表面组装印刷工艺的目的。
- 表面组装印刷工艺的基本过程。
- 表面组装印刷工艺使用的设备。
- 日立 NP-04LP 印刷机的操作方法。
- 日立 NP-04LP 印刷机参数设定指南。
- 日立 NP-04LP 印刷机的应用实例。
- 表面组装印刷工艺的常见问题及解决措施。

难点与重点

- 日立 NP-04LP 印刷机的操作方法。
- 日立 NP-04LP 印刷机参数的设定。
- 表面组装印刷工艺的常见问题及解决措施。

学习方法

- 结合日立 NP-04LP 印刷机学习表面组装印刷工艺的基本过程。
- 结合日立 NP-04LP 印刷机学习印刷机的操作方法。
- 通过实际操作，掌握表面组装印刷工艺的常见问题及解决措施。

8.1　表面组装印刷工艺的目的

焊锡膏印刷工序的目的是为 PCB 上 SMC 焊盘在贴片和回流焊接之前提供焊锡膏分布，使贴片工序中贴装的元器件能够粘在 PCB 焊盘上，同时为 PCB 和器件的焊接提供适量的焊料，以形成焊点，达到电气连接。

8.2　表面组装印刷工艺的基本过程

表面组装印刷工艺的基本过程如图 8-1 所示。

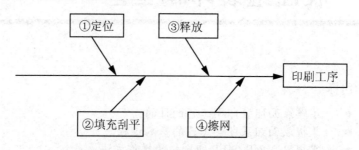

图 8-1　表面组装印刷工艺的基本过程

第一步：定位。

印制电路板(Printed Circuit Board，PCB)通过自动上板机和过桥进入印刷机内，首先由两边轨道夹持和底部支撑进行机械定位，然后由光学识别系统对印制电路板和模板进行识别校正，保证模板的窗口和印制电路板的焊盘准确对位。镜头寻找相应的模板下面的目标(基准点)的过程如图 8-2 所示。

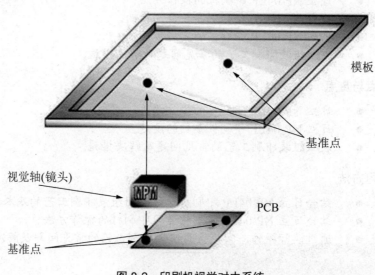

图 8-2　印刷机视觉对中系统

机器可以移动模板使其对准 PCB，模板可以随模板固定机构进行转动。一旦模板和 PCB 对准，支撑台将向上移动，带动 PCB 接触模板的下面，如图 8-3 所示。

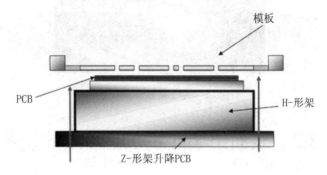

图 8-3　印刷机定位系统

第二步：填充刮平。

刮刀带动焊锡膏刮过模板的窗口区，在这一过程中，必须让焊锡膏能进行良好的滚动和良好的填充。多余的焊锡膏由刮刀刮走并整平，如图 8-4 所示。

图 8-4　印刷机填充刮平

第三步：释放。

释放是指将印好的焊锡膏由模板窗口转移到印制电路板的焊盘上的过程，良好的释放可以保证得到良好的焊锡膏外形，如图 8-5 所示。

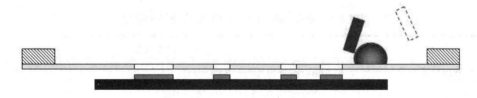

图 8-5　印刷机释放过程

第四步：擦网。

擦网是指将残留在模板底部和窗口内的焊锡膏清除的过程。

目前有手工擦拭和机器擦拭两种方式。手工擦拭如图 8-6 所示。

图 8-6　手工擦拭印刷机模板

8.3　表面组装印刷工艺使用的设备

用于印刷的设备称为印刷机。目前市场上被广泛采用的印刷机品牌有日立、DEK、MPM、EKRA 等。现以日立 NP-04LP 印刷机为例进行介绍，如图 8-7 所示。

图 8-7　日立 NP-04LP 印刷机

8.4　日立 NP-04LP 印刷机的技术参数

日立 NP-04LP 印刷机的技术参数分别如表 8-1～表 8-3 所示。

表 8-1　日立 NP-04LP 印刷机的应用技术规格

项　目	技术规格
设备尺寸(长×宽×高)	1200mm×1310mm×1500mm
传送导轨高度	900mm(可在-5～+30 范围内调整)
电源	3 相，AC 380V±5%，50Hz，3kVA
气源	0.49MPa～0.69MPa
环境条件	温度：15～35℃ 相对湿度：45%～80%

表 8-2　日立 NP-04LP 印刷机的主要技术指标

项　目	技术指标
基板尺寸(长×宽)	最大 460mm×360mm，最小 50mm×50mm
基板厚度	最大 3.0mm，最小 0.4mm
钢网尺寸(长×宽)	最大 750mm×750mm，最小 650mm×550mm
重复定位精度	±15μm
印刷周期	约 8s
工作节拍	约 15s

表 8-3　日立 NP-04LP 印刷机的印刷参数

项　目	技术指标
印刷模式	刮刀向前向后交替式印刷
最大印刷面积(长×宽)	460mm×360mm
最小印刷面积(长×宽)	50mm×50mm
印刷行程	最大 545mm(增量 0.1mm)
印刷驱动	流伺服电机
印刷速度	5～200mm/s(增量　1mm/s)
刮刀倾角	60°固定
刮刀机构	自由平衡
印刷间距	0.0(不可调)
定位精度	±15μm
离网速度	平均运行速度：0.35～1.80mm/s(增量 0.01mm/s)
离网距离	0～3.0mm(增量 0.1mm)

8.5　日立 NP-04LP 印刷机的结构

　　印刷机的基本结构由机架、印刷工作台、模板固定机构、印刷头系统以及其他保证印刷精度而配备的选件 CCD、定位系统、擦板系统、2D 及 3D 测量系统、清洁装置等组成。印刷机的机械结构如图 8-8 所示。

1. 机架

稳定的机架是印刷机保持长期稳定性和长久印刷精度的基本保证。

2. 印刷工作台

印刷工作台包括工作台面、基板夹紧装置、工作台传输控制机构。

1) 基板夹紧装置

基板夹紧装置(边夹和基板支撑)如图 8-9 所示。适当调整压力控制阀使边夹能够固定基板,通过基板支撑可以防止基板摆动,使基板稳定。边夹装置压力通常情况为 0.08～0.1MPa,由于基板易弯曲,因此推荐使用真空。

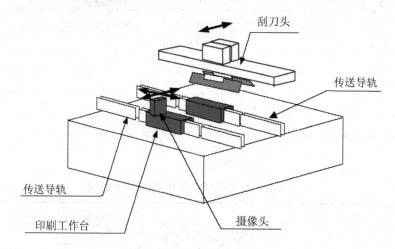

图 8-8　印刷机的机械结构

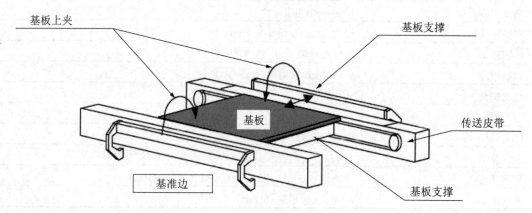

图 8-9　基板夹紧装置

2) 基板止挡器

印刷工作台上的基板止挡器如图 8-10 所示。基板停止位置由印刷条件中的基板尺寸自动设定(传送方向上基板长度的中心位于印刷台的中心),基板止挡器安装在摄像头旁(操作边),便于调整。若基板长度的中心有开槽,则可以设置偏移量进行调整。

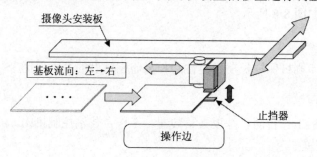

图 8-10　基板止挡器装置

21世纪高职高专电子信息类实用规划教材

3. 模板固定机构

丝网或模板的固定机构可采用滑动式模板固定装置，如图 8-11 所示。

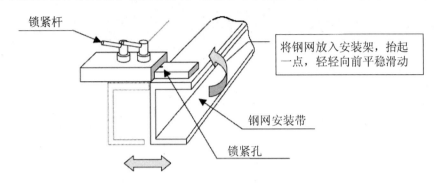

图 8-11　滑动式模板固定装置

松开锁紧杆，调整模板安装框，可以安装或取出不同尺寸的模板。安装模板时，将模板放入安装框，抬起一点，轻轻向前滑动，然后锁紧。模板允许的最大尺寸是 750mm× 750mm。当模板安装架调整到 650mm 时，选择合适的锁紧孔锁紧，这是极限位置，超出这个位置，印刷台将发生冲撞。

4. 印刷头系统

印刷头系统由刮刀(不锈钢、橡胶、硬塑料)、刮刀固定机构(浮动机构)、印刷头的传输控制系统组成，如图 8-12 所示为刮刀头装置。

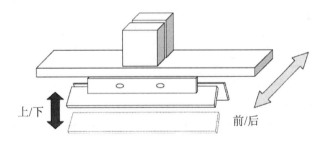

图 8-12　刮刀头装置

适当长度的刮刀固定架有利于焊锡膏的使用，刮刀固定架的金属部件与模板摩擦可能引起不良印刷。标准的刮刀固定架长为480mm，视情况可分别使用340mm、380mm 和430mm的刮刀固定架长度。

5. PCB 视觉定位系统

PCB 视觉定位系统是修整 PCB 加工误差用的。为了保证印刷质量的一致性，使每一块PCB 的焊盘图形都与模板开口相对应，每一块 PCB 在印刷前都要使用视觉系统定位。

6. 清洁装置

滚筒式卷纸清洁装置如图 8-13 所示。

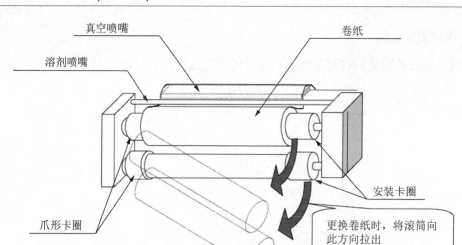

图 8-13　滚筒式卷纸清洁装置

清洁装置可以采用 8 种清洗模式，如表 8-4 所示。

表 8-4　清洁模式的种类

清洁模式	干：使用卷纸加真空吸附 湿：使用溶剂
1	干
2	干+干
3	湿+干
4	湿+湿
5	干+湿
6	干+湿+干
7	湿+湿+干+干
8	湿+干+干+干

8.6　日立 NP-04LP 印刷机的操作方法

1. 主操作面板

日立 NP-04LP 印刷机主操作面板如图 8-14 所示。主操作面板控制机器的设置和自动运行，切换每个按钮时相应的指示灯都会亮。

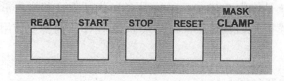

图 8-14　主操作面板

(1) READY(准备运行)：设备运行时，可以进行回原点、手动操作和自动运行操作。

(2) START(开始)：机器自动运转时使用。

(3) STOP(停止)：停止自动运转时使用。

(4) RESET(复位)：关掉蜂鸣器和复位时使用。

(5) MASK CLAMP(模板夹紧)：模板固定时使用。

2. 印刷机系统主界面

印刷机系统主界面如图 8-15 所示。

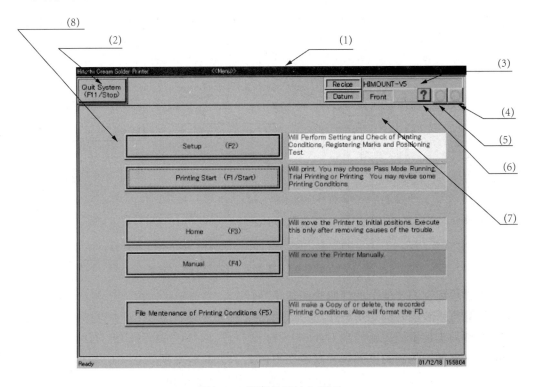

图 8-15　印刷机系统主界面

(1) 界面名称：显示界面名称。

(2) 转换按钮：转换到其他功能界面。

(3) 基板名称：显示现在的印刷条件名称。

(4) 原点指示：○——已回原点，✖——未回原点。

(5) 定位指示：○——基板已就位，✖——基板未就位。

(6) 帮助按钮：可提供操作说明和帮助菜单。

(7) 设备基准：显示传送导轨固定边的基准。

(8) 操作/指示区域：显示操作及指示区域。

3. 刮刀更换方法

刮刀更换方法如下。

(1) 首先松开挡板上的螺钉，拆卸下两片挡板，如图 8-16 所示。

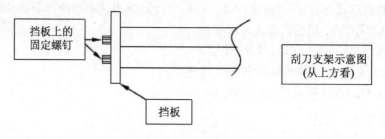

图 8-16　更换刮刀(1)

(2) 松开刮刀支架的固定螺钉，拆卸下刮刀，然后把刮刀支架拆开，如图 8-17 所示。

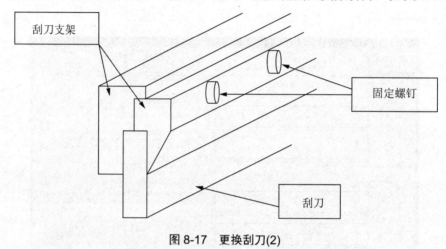

图 8-17　更换刮刀(2)

(3) 把挡板和刮刀支架上的焊锡膏清洁干净。

(4) 试着重新装配好刮刀支架(拧上固定螺钉，但是不要拧紧)。

(5) 在刮刀支架里插入新的刮刀。

(6) 把装好刮刀的刮刀支架轻轻固定在平台上，如图 8-18 所示。

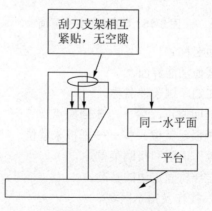

图 8-18　更换刮刀(3)

(7) 把刮刀支架固定在平台上的同时拧紧固定螺钉。

4. 日立 NP-04LP 印刷机的操作流程

日立 NP-04LP 印刷机的操作流程如图 8-19 所示。

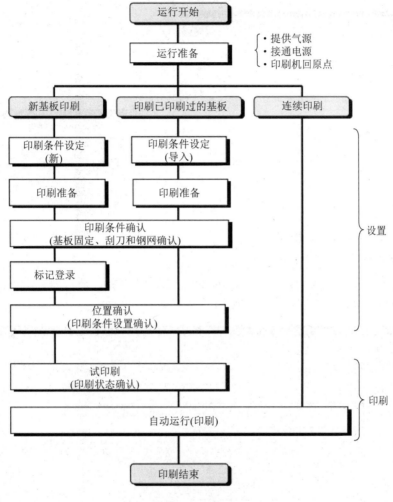

图 8-19　操作流程

1) 开始——回原点

(1) 打开总气源的控制阀(位置在正面右侧),确定总气压为 0.5MPa,各部分气压值的正常范围如表 8-5 所示。

表 8-5　各部分气压值的正常范围

部　位	气压/MPa
印刷机主体	0.45～0.5
基板上边夹	0.12～0.15
基板边夹	0.06～0.22

(2) 打开印刷机正面右侧的电源开关(ELB)。

(3) 监视器不久显示初始界面，如图 8-20 所示。

(4) 单击 Home(F3/Start)按钮回原点。

(5) 弹出是否确认回原点的提示信息，如图 8-21 所示。

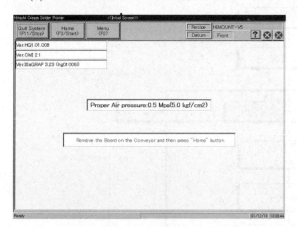

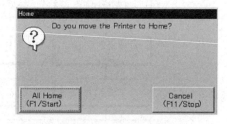

图 8-20　初始界面　　　　　　　　　　　　　　图 8-21　提示信息

(6) 检查工作台面上顶针位置，必要时移动它们。

(7) 单击全轴回原点 All Home(F1/Start)按钮，回原点开始，监视器显示正在回原点。

(8) 回原点完成后，返回主界面，如图 8-22 所示。

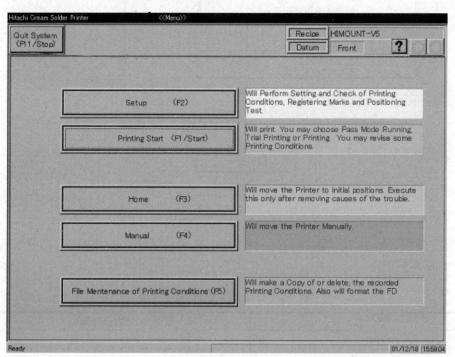

图 8-22　主界面

2) 印刷条件设定及调整

(1) 单击主界面(见图 8-22)的 Setup(F2)按钮、弹出"设置"界面，如图 8-23 所示。

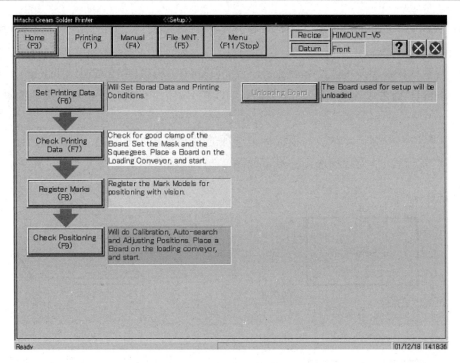

图 8-23　"设置"界面

(2) 单击印刷条件设定 Set Printing Data(F6)按钮，监视器显示"印刷条件设置"设定界面，如图 8-24 所示。

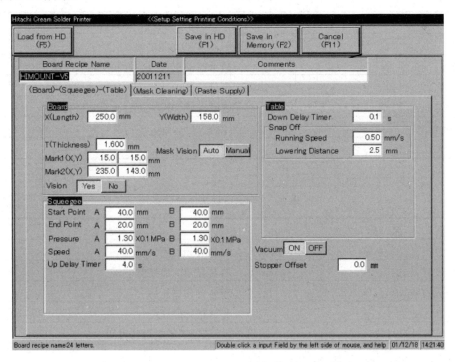

图 8-24　"印刷条件设定"界面

(3) 在 Board Recipe Name 文本框中输入基板名。如果有必要的话，可在 Comments 文本框中输入注释。

(4) 给基板(Board)、刮刀(Squeegee)、台面(Table)、模板清洁(Mask Cleaning)、焊料供给(Paste Supply)提供设置值后，单击 Save in HD(F1)按钮进行保存。现对各选项的设置解释如下。

① 基板与模板标记。基板与模板标记选项的设置参数如图 8-25 及表 8-6 所示。

② 刮刀行程。刮刀行程选项的设置如图 8-26 及表 8-7 所示。

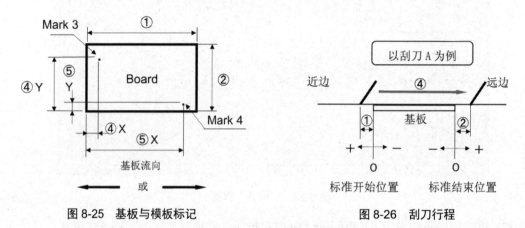

图 8-25 基板与模板标记   图 8-26 刮刀行程

表 8-6 基板与模板标记选项的含义

名　称	输入数据
① X(长)	基板流向方向尺寸(X 轴方向尺寸)
② Y(宽)	与基板流向成 90°方向尺寸(Y 轴方向尺寸)
③ T(厚)	基板厚度
④ Mark 3 (X,Y)	标记 3 的 X 轴、Y 轴位置(从基板左下角起)
⑤ Mark 4 (X,Y)	标记 4 的 X 轴、Y 轴位置(从基板左下角起)
⑥ 标记辨认有/无	辨认定位有/无

表 8-7 刮刀行程选项的含义

名　称	输入数据
① 开始位置 A，B	刮刀 A 和 B 开始时所处位置
② 结束位置 A，B	刮刀 A 和 B 结束时所处位置
③ 印刷压力 A，B	刮刀 A 和 B 的印刷压力
④ 速度 A，B	刮刀 A 和 B 的印刷速度
⑤ 上升延迟时间	刮刀移动后至上升前的等待时间

③ 离网。离网选项的设置如表 8-8 所示。

表 8-8　离网选项的设置

名　　称	输入数据
下降延时时间	工作台从开始下降到最低点所使用的时间
离网速度	离网时的平均速度
离网距离	离网时的运动距离

④ 模板清洁。模板清洁选项的设置如表 8-9 所示。

表 8-9　模板清洁选项的设置

名　　称	输入数据
清洁间隔时间	模板清洁间隔时间由印刷基板数量而定
循环模式 1、2	清洁反复次数
近边位置	清洁区近边位置
远边位置	清洁区远边位置
移动速度	清洁速度

(5) 监视器显示"需要调整、不需要调整"的注释。

(6) 检查台面上顶针的位置，如果有需要，则进行调整，然后单击 OK(F1)按钮，机器将按重新设置的值运行。

(7) 将基板放在台面上，调整基板止挡器的位置。

(8) 在主界面中单击手动 Manual(F4)按钮，显示如图 8-27 所示的界面，在 Board Support 框中单击 Up 按钮，让板支撑上升。

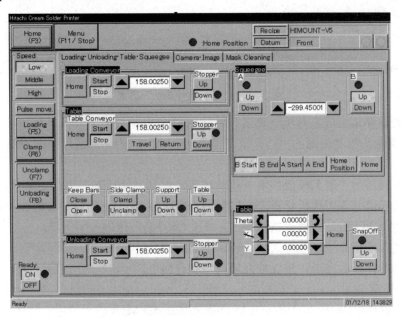

图 8-27　"手动操作"界面

(9) 在顶针单元中放入顶针(顶针不能碰到导轨和基板止挡器)。

(10) 在基板上升状态下，检查基板与台面导轨是否在同一水平面。如果不在同一水平面，应旋动基板升降旋钮进行调节(调节时应取下基板托板)。

(11) 在 Board Support 框中单击 Down 按钮让基板下降后，用手取走基板。

3) 印刷条件确认

(1) 在图 8-27 中单击主菜单 Menu (F11/Stop)按钮，监视器显示"主菜单"界面(见图 8-22)。单击调整 Setup (F2)按钮，将显示如图 8-23 所示的界面。

(2) 单击印刷条件确认 Check Printing Data(F7)按钮，显示"印刷条件确认"界面，如图 8-28 所示。

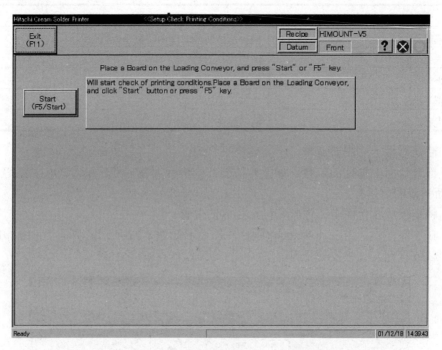

图 8-28　"印刷条件确认"界面

(3) 在装载导轨上放上基板、单击开始 Start(F5/Start)按钮后，按界面指示进行操作(如果标记不在摄像头检测范围的中心，重新检查 MARK 点数据)，通过单击 OK(F1)按钮进入下一步。

(4) 监视器显示"装夹模板。单击移动按钮，将刮刀移动到近边，安装刮刀"的提示。

(5) 安装模板并确定模板位置，单击操作面板(见图 8-14)上的板夹按钮 MASK CLAMP，夹紧模板。单击标记 1，可移动摄像头 1。单击 OK(F1)按钮进入下一步。

(6) 将刮刀移至近边，装上刮刀架后单击 OK(F1)按钮。

(7) 印刷条件确认完毕，基板被夹紧在印刷台面上。

4) 标记登录

(1) 在设置界面(见图 8-23)中单击标记登录 Register Marks(F8)按钮，监视器显示"标记登录"界面，如图 8-29 所示。

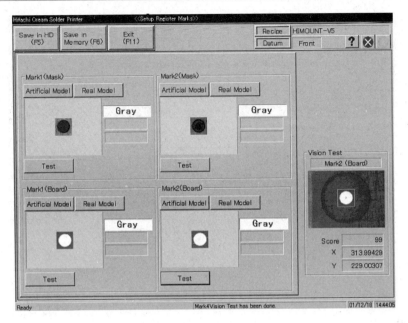

图 8-29　"标记登录"界面

(2) 选择 Mark1(Mask)栏中的人造模式 Artificial Model，摄像头 1 上升。

(3) 设置标记的形状、颜色和尺寸(见图 8-30)，完成之后单击 OK (F1)按钮(标记的尺寸应在±50μm 以内)。

(4) 在标记登录界面(见图 8-29)单击标识测试 Test 按钮，检查测试结果是否能够达到要求。

(5) 用同样的方法设置标识 2(摄像头 2 上升)。

(6) 选择人造标识 3 模式(摄像头 1 下降)。

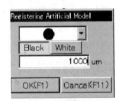

图 8-30　设置标记

(7) 设置标记的形状、颜色和尺寸之后，单击 OK(F1)按钮，(标记的尺寸应在±50μm 以内)。

(8) 单击标识测试 Test 按钮。

(9) 监视器显示"将基板放在装载导轨入口后，单击 Yes(F1)"的提示。

(10) 将基板放在装载导轨上，单击 Yes(F1)按钮。

(11) 检查测试结果是否能够达到要求。

(12) 用同样的方法设置标记 4(摄像头 2 下降)。

(13) 单击保存按钮(F5)，表示登录完成，印制板被夹紧在工作台面上。

5) 位置校正

(1) 在设置界面(见图 8-23)单击位置校正 Check Positioning(F9)按钮，监视器显示"位置确认"界面。

(2) 勾选"自动搜索""台面调整""刮刀调整"3 个复选框，如图 8-31 所示(注意，如果标识不在识别范围内，则"自动搜索"复选框不能被勾选)。

① 自动搜索——确定模板设定状态。

② 台面调整——调整好印刷工作台的位置。

③ 刮刀调整——调整好刮刀起点及终点的位置。

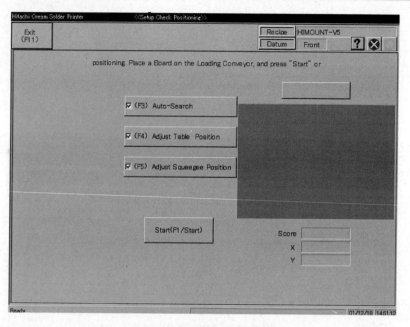

图 8-31   "位置确认"界面

(3) 将已注册的基板放在传入导轨上，单击开始 Start(F1)按钮。

(4) 监视器显示"台面位置调整"界面，如图 8-32 所示，目测检查标识的背离。如果背离，则按箭头方向调整台面位置。

(5) 台面位置调整完成后，单击 OK(F1)按钮。

(6) 监视器显示"刮刀位置调整"界面，如图 8-33 所示。检查刮刀位置，如果有需要则进行刮刀调整。

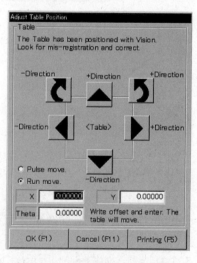

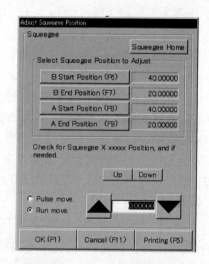

图 8-32   "台面位置调整"界面   图 8-33   "刮刀位置调整"界面

(7) 设置完成后，单击 OK(F1)按钮，将基板移至卸载导轨。

(8) 监视器显示"位置校正结果"界面，如图 8-34 所示。单击 Save in HD(F1)按钮保存，回到"主菜单"界面，之后，单击基板传出按钮(F11)，基板被传出。

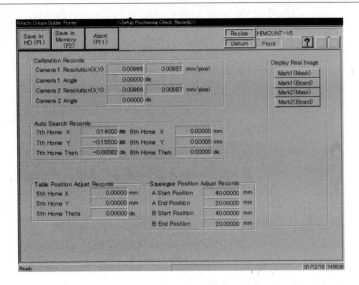

图 8-34　"位置校正结果"界面

6) 自动印刷操作

(1) 单击主菜单 Menu(F11/Stop)按钮，显示主界面。

(2) 单击 Printing Start(F1/Start)按钮，出现"印刷"界面，如图 8-35 所示。

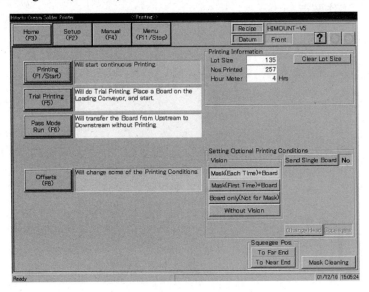

图 8-35　"印刷"界面

(3) 手动上焊锡膏。

(4) 单击自动运行 Printing(F1/Start)按钮，显示"启动确认"界面，如图 8-36 所示。

(5) 在"启动确认"界面中检查印刷选项和刮刀位置。

(6) 单击 Yes(F1/Start)按钮，开始印刷。

(7) 单击周期停止 Cycle Stop(F1/Stop)按钮，印刷机印刷基板并传送出当前基板后，停止印刷。

(8) 基板传到下位机后，屏幕返回"印刷"界面，印刷停止。

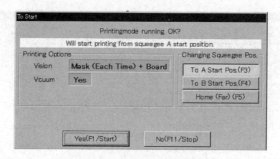

图 8-36　"启动确认"界面

7) 关机

(1) 单击主菜单 Menu(F11/Stop)按钮，回到主界面。

(2) 单击系统结束 Quit System(F11/Stop)按钮，屏幕提示"印刷是否完成"。

(3) 单击退出 Quit(F1/Stop)按钮，屏幕提示"关掉电源"。

(4) 关掉机器正面右侧的断路器(ELB)。

8.7　日立 NP-04LP 印刷机参数设定指南

1. 印刷机的工作要点

印刷机的工作要点如图 8-37 所示。

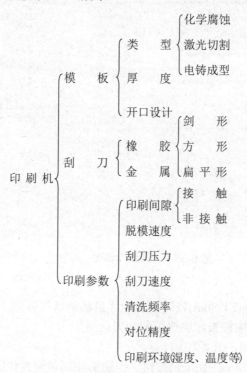

图 8-37　印刷机的工作要点

2. 日立 NP-04LP 印刷机参数设定指南

1) 刮刀速度

机器可调节的范围是：5～200mm/s。

对大板来说，板上有较密的 QFP、BGA，速度可以设定为 15～30mm/s；对小板来说，板上没有 BGA、QFP 和较密的 SOP 零件，速度可以设定为 25～45mm/s。

刮刀速度的影响：刮刀速度太快会造成印刷出来的焊锡膏塌陷或印刷出来的焊锡膏厚度变化较大。

2) 刮刀起始位置

机器可调节的范围是：squeegee pos.rear 范围为 0～545mm；squeegee pos.front 范围为 0～545mm。

前极限一般在模板图形前 20mm 处，后极限一般在模板图形后 20mm 处。

刮刀起始位置的影响：间距太大容易延长整体印刷时间；间距太小容易造成焊锡膏图形粘连等缺陷；控制好焊锡膏印刷行程空间，以防焊锡膏漫流到模板的起始和终止印刷位置处的开口中，造成该处焊锡膏图形粘连等印刷缺陷。

3) 脱模速度

机器可调节的范围是：separation speed，范围为 0.35～1.80mm/s。

推荐脱模速度如表 8-10 所示。

表 8-10　推荐脱模速度

引脚间距(mm)	推荐速度(mm/s)
少于 0.3	0.1～0.5
0.4～0.5	0.3～1.0
0.5～0.65	0.5～1.0
超过 0.65	0.8～2.0

脱模速度的影响：①分离时间过长，易在模板底部残留焊锡膏；②分离时间过短，不利于焊锡膏的直立，影响其清晰度。适当调节分离速度，使模板离开焊锡膏图形时有一个微小的停留过程，让焊锡膏从模板的开口中完整地释放出来，以获得最佳的焊锡膏图形，有窄间距、高密度图形时，分离速度要慢一些。

4) 印刷间隙

机器可调节的范围是：0.0(不可调)。

一般可以允许的范围为 0～1.27mm；如果模板厚度合适，一般都应采用零距离印刷，有时需要增加一些焊锡膏量，以适当拉开一点儿距离，但如果有细间距器件，则应该为零距离。

印刷间隙的影响：印刷间隙过大时，焊锡膏沉积会过量、偏离焊盘、不整齐等。间隙过小时可能沉积量不够。

5) 刮刀压力

机器可调节的范围：0.09～0.4MPa。建议设定的范围为 2～6kg/cm^2。

刮刀压力对焊锡膏印刷的影响：①压力过小造成焊锡膏成型不好，焊锡膏塞孔；②压力过大会造成焊锡膏渗入到钢板底部，焊锡膏可能造成锡桥，而且容易损坏刮刀和钢板。

6) 刮刀类型

机器可以选择橡胶刮刀或不锈钢刮刀。

目前使用的刮刀外形相同，均为不锈钢刮刀，硬度固定，角度固定为 60°；依据长度可分为：12"(304mm)，16"(406mm)，19"(482.6mm)。

不同类型刮刀的使用建议如下。

240mm 以下，PCB——12"。

240～340mm，PCB——16"。

340～420mm，PCB～19"。

刮刀类型的影响：太软的刮刀(橡胶刮刀)会使焊锡膏凹陷，如图 8-38 所示，所以在进行细间距印刷时建议采用较硬的刮刀或金属刮刀。

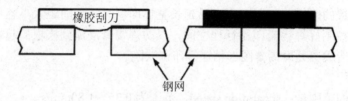

橡胶刮刀

钢网

图 8-38　刮挖效应

7) 擦拭频率

擦拭频率：一般以板子 QFP 和 SOP 较密组件为设定标准。

一般在生产 10 块 PCB 后应对网板进行清洗：先用洁净的纱布蘸取适量的酒精进行两面擦拭，然后用气枪由底向上吹(反之则易污染 PCB)，最后再用干布擦拭干净。其中，要注意的问题是酒精不要用得太多，否则网板底部残留的少量酒精与 PCB 接触时会浸润 PCB 焊盘，使焊盘对焊锡膏的黏着力下降，造成印刷焊锡膏过少。

擦拭频率对焊锡膏印刷的影响：生产过程中对网板的清洁方式和清洁频率将直接影响印刷质量的好坏，建议采用酒精清洗和用压缩空气吹两种方式相结合对网板进行清洁。

8.8　日立 NP-04LP 印刷机的应用实例

实训所加工的目标 PCB 板如图 8-39 所示，我们采用以下步骤操作日立 NP-04LP 印刷机。

1. 印刷前的准备工作

印刷前的准备工作如下。

(1) 熟悉产品的工艺要求。

(2) 按产品工艺文件领取经检验合格的 PCB，如果发现领取的 PCB 受潮或受到污染，应进行清洗、烘干处理。

(3) 准备焊锡膏：①按产品工艺文件的规定选用焊锡膏；②焊锡膏的使用要求按第 3 章的相关条款执行；③印刷前用不锈钢搅拌棒将焊锡膏向一个方向连续搅拌均匀。

(4) 检查模板，模板应完好无损，漏孔完整、不堵塞。

(5) 设备状态检查：①印刷前设备所有的开关必须处于关闭状态；②接通空气压缩机的电源，开机前要求排放积水，确认气压满足印刷机的要求(一般在 6kg/cm^2)；③检查空气过滤器有无积水，如果有，则排放积水。

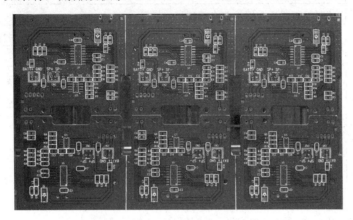

图 8-39　TY-58A 贴片型插卡音箱主板

2. 利用日立 NP-04LP 印刷机进行印刷的具体操作步骤

利用日立 NP-04LP 印刷机进行印刷的具体操作步骤如表 8-11 所示。

表 8-11　用日立 NP-04LP 印刷机进行印刷操作的步骤

开始及回原点	1	打开总气源的控制阀(位置在正面右侧)，确定总气压为 0.5MPa
	2	打开印刷机正面右侧的电源开关(ELB)
	3	监视器不久显示主菜单界面
	4	单击回原点(F3)
	5	弹出"是否确认回原点"的提示
	6	检查工作台面上顶针的位置，必要时移动它们
	7	单击全轴回原点(F1)按钮，回原点开始，监视器显示"正在回原点"
	8	回原点完成后，返回主菜单
印刷条件设定及调整	9	单击"设置"按钮(F2)、显示"设置"界面
	10	单击"印刷条件设定"按钮(F6)，监视器显示"印刷条件设定"界面
	11	输入基板名。必要的话可输入注释
	12	给"基板""刮刀""台面""模板清洁""焊料供给"提供设置值后，单击 Save in HD(F1)按钮保存
	13	监视器显示"需要调整、不需要调整"的注释
	14	检查台面上顶针的位置，如果需要，进行调整，然后单击 OK(F1)按钮，机器将按重新设置的值运行
	15	将基板放在台面上，调整基板止挡器的位置
	16	单击手动(F4)按钮，选择基板上升、下降，让板支撑上升

印刷条件设定及调整	17	在顶针单元中放入顶针(顶针不能碰到导轨和基板止挡器)
	18	在基板上升状态下,检查基板与台面导轨是否在同一水平面。如果不在同一水平面,应调节基板升降旋钮进行调节(调节时应将下基板托板)
	19	让基板下降后,用手取走基板
印刷条件确认	20	单击主菜单(F11)按钮,监视器显示"主菜单"界面。单击调整(F2)按钮
	21	单击印刷条件确认(F7)按钮,显示"印刷条件确认"界面
	22	在装载导轨上放上基板、单击开始(F5)按钮后,按画面指示操作(如果标记不在摄像头检测范围的中心,重新检查 MARK 点数据),通过单击 F1 按钮进入下一步
	23	监视器显示"装夹模板。单击移动按钮,将刮刀移动到近边,安装刮刀"的提示
	24	安装模板并确定模板位置,单击操作面板的板夹按钮,夹紧模板 (单击标记 1 按钮,可移摄像头)。单击 F1 按钮进入下一步
	25	将刮刀移至近边,装上刮刀架后单击 OK(F1)按钮
	26	印刷条件确认完毕,基板被夹紧在印刷台面上
标记登录	27	单击标记登录(F8)按钮,监视器显示"标记登录"界面
	28	选择人造标记 1 模式(摄像头 1 上升)
	29	设置标记的形状、颜色和尺寸之后,单击 OK(F1)按钮(标记的尺寸应在±50μm 以内)
	30	单击标识测试按钮,检查测试结果是否能够达到要求
	31	用同样的方法设置标识 2(摄像头 2 上升)
	32	选择人造标识 3 模式(摄像头 1 下降)
	33	设置标记的形状、颜色和尺寸之后,单击 OK(F1)按钮(标记的尺寸应在±50μm 以内)
	34	单击标识测试按钮
	35	监视器显示"将基板放在装载导轨入口后,单击 Yes(F1)"按钮的提示。(如果台面有基板,直接进行 No.37 的操作)
	36	将基板放在装载导轨上,单击 Yes(F1)按钮
	37	检查测试结果是否能够达到要求
	38	用同样的方法设置标记 4(摄像头 2 下降)
	39	单击保存(F5)按钮,表示登录完成,印制板被夹紧在工作台面上
位置校正	40	单击位置校正(F9)按钮,监视器显示"位置校正"界面
	41	勾选"自动搜索""台面调整""刮刀调整"3 个复选框(注意,如果标识不在识别范围内,则"自动搜索"复选框不能被勾选)
	42	单击开始(F1)按钮
	43	监视器显示"台面位置调整"界面,目测检查标识的背离。背离按箭头方向调整台面位置
	44	台面位置调整完成后,单击 OK(F1)按钮
	45	监视器显示"刮刀位置调整"界面,检查刮刀位置,需要的话进行刮刀调整
	46	完成后,单击 OK(F1)按钮,将基板移至卸载导轨
	47	监视器显示"位置校正结果"界面。单击 Save in HD(F1)按钮保存,回到"主菜单"界面之后,单击基板传出(F10)按钮,基板被传出

21 世纪高职高专电子信息类实用规划教材

续表

	48	单击主菜单(F11)按钮，显示"主菜单"界面
	49	单击印刷(F1)按钮
	50	手动上焊锡膏
自动印刷操作	51	单击自动运行(F1)按钮，显示"启动确认"界面
	52	在"启动确认"界面中检查印刷选项和刮刀位置
	53	单击 OK(F1)按钮，开始印刷
	54	单击周期停止(F11)按钮
	55	基板传到下位机后，屏幕返回"印刷"界面，印刷停止
关机	56	单击主菜单(F11)按钮
	57	单击系统结束(F11)按钮，屏幕提示"印刷是否完成"
	58	单击退出(F1)按钮，屏幕提示"关掉电源"
	59	关掉机器正面右侧的断路器(ELB)

3. 印刷参数设置

印刷参数设置如下。

(1) 刮刀速度：50mm/s。

(2) 刮刀起始位置：0mm。

(3) 刮刀终止位置：210mm。

(4) 脱模速度：0.5mm/s。

(5) 印刷间隙：0mm。

(6) 刮刀压力：4kg/cm^2。

印刷焊锡膏后的 PCB 如图 8-40 所示。

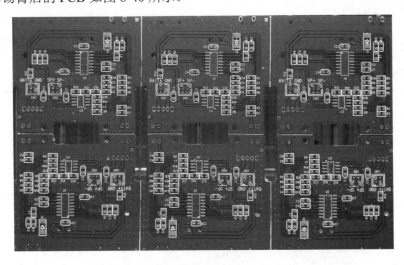

图 8-40　印刷焊锡膏后的 PCB

8.9　表面组装印刷工艺的常见问题及解决措施

1. 桥联

桥联产生的原因及解决措施如表 8-12 所示。

表 8-12　桥联产生的原因及解决措施

原　因	措　施
对应模板面的刮刀工作面存在倾斜(不平行)	调整刮刀的平行度
印刷模板与基板之间间隙过大	调整印刷参数,改变印刷间隙
印刷压力过大,有刮刀切入网板开口部的现象	重新调整印刷压力
印刷机的印刷条件不合适	检测刮刀的工作角度,尽可能采用 60°角
网板底部有焊锡膏	清洗网板

2. 印刷偏位

印刷偏位产生的原因及解决措施如表 8-13 所示。

表 8-13　印刷偏位产生的原因及解决措施

原　因	措　施
网板开孔没有对准焊盘	调整印刷偏移量

3. 焊锡渣

焊锡渣产生的原因及解决措施如表 8-14 所示。

表 8-14　焊锡渣产生的原因及解决措施

原　因	措　施
网板底面有焊锡膏	清洗网板
印刷间隙过大	调整印刷参数

4. 焊锡膏量少

焊锡膏量少产生的原因及解决措施如表 8-15 所示。

表 8-15　焊锡膏量少产生的原因及解决措施

原　因	措　施
网板的网孔被堵	清洗网板
刮刀压力太小	调整印刷参数，增大刮刀压力
焊锡膏的流动性差	选择合适的焊锡膏
因为使用了橡胶刮刀	更换为金属刮刀

5. 厚度不一致

厚度不一致的原因及解决措施如表 8-16 所示。

表 8-16　厚度不一致产生的原因及解决措施

原　因	措　施
网板与印制板不平行	调整模板与印制板的相对位置
焊锡膏搅拌不均匀	印刷前充分搅拌焊锡膏

6. 焊锡膏量多

焊锡膏量多产生的原因及解决措施如表 8-17 所示。

表 8-17　焊锡膏量多产生的原因及解决措施

原　因	措　施
模板窗口尺寸过大	调整模板窗口尺寸
钢板与 PCB 之间的间隙太大	调整印刷参数，特别是 PCB 模板的间隙

7. 坍塌、模糊

坍塌、模糊产生的原因及解决措施如表 8-18 所示。

表 8-18　坍塌、模糊产生的原因及解决措施

		原　因	措　施
坍陷		焊锡膏金属含量偏低	增加焊锡膏中的金属含量百分比
		焊锡膏黏度太低	增加焊锡膏黏度
		印刷的焊锡膏太厚	减少印刷焊锡膏的厚度

本 章 小 结

本章首先介绍了表面组装印刷工艺的目的和基本工艺过程。接着介绍了表面组装印刷工艺使用的设备——日立 NP-04LP 印刷机,详细阐述了日立 NP-04LP 印刷机的技术参数以及结构,并阐述了日立 NP-04LP 印刷机的操作方法。最后,分析了日立 NP-04LP 印刷机参数设定方法,介绍了表面组装印刷工艺的常见问题及解决措施。

思 考 与 练 习

1. 表面组装印刷工艺的目的是什么?
2. 写出表面组装印刷工艺的基本过程。
3. 印刷机的基本结构包含哪些?
4. 写出印刷机的模板可以采用的 8 种清洗模式。
5. 如何更换印刷机的刮刀?
6. 画出新基板印刷的操作流程图。
7. 刮刀速度过快或者过慢对印刷效果有什么影响?
8. 脱模速度对印刷效果有何影响?
9. 写出桥联产生的原因及解决措施。
10. 写出印刷偏位产生的原因及解决措施。
11. 写出焊锡渣产生的原因及解决措施。
12. 写出焊锡膏量少产生的原因及解决措施。
13. 写出厚度不一致的原因及解决措施。
14. 写出坍塌、模糊产生的原因及解决措施。

21世纪高职高专电子信息类实用规划教材

第 9 章

表面贴装工艺

教学导航

教学目标

- 了解表面贴装工艺的目的。
- 掌握表面贴装工艺的基本过程。
- 掌握 JUKI KE-2060 贴片机的操作方法。
- 掌握表面贴装工艺常见的问题及解决措施。

知识点

- 表面贴装工艺的目的。
- 表面贴装工艺的基本过程。
- 表面贴装工艺使用的设备。
- JUKI KE-2060 贴片机的操作方法。
- JUKI KE-2060 贴片机的应用实例。
- 表面贴装工艺常见问题分析。

难点与重点

- JUKI KE-2060 贴片机的操作方法。
- 贴片机的程序编制方法。
- 表面贴装工艺常见问题及解决方法。

学习方法

- 利用 JUKI KE-2060 贴片机学习表面贴装工艺的基本过程。
- 利用 JUKI KE-2060 贴片机学习贴片机的操作方法。
- 通过多操作多练习，掌握表面贴装工艺的常见问题及解决方法。

9.1 表面贴装工艺的目的

本工序是用贴片机将片式元器件准确地贴放到印好焊锡膏或贴片胶的 PCB 表面的相应位置上。

贴装元器件是保证 SMT 组装质量和组装效率的关键工序。

9.2 表面贴装工艺的基本过程

表面贴装工艺的基本过程如图 9-1 所示。

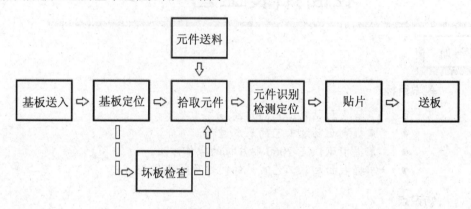

图 9-1 表面贴装工艺的基本过程

1. 基板定位

PCB 板经贴片机轨道到达停板位置,并且顺利、稳定、准确地停板,以便下一步进行贴片。PCB 到达贴片位置是通过 PCB STOP 来机械定位的,有些设备在停板时还有减速装置,以降低停板时的冲击力。

2. 元件送料

送料器的种类有:带式送料器、盘式送料器、管料送料器、散料送料器。

3. 元件拾取

贴片头是否能从送料器顺利、完整地拾取元件,与元件大小、形状,吸嘴的大小、形状,元件位置等有关。

4. 元件定位

通过机械或者光学方式确定元件的位置。

5. 元件贴放

贴片头拾取元件后把元件准确、完整地贴放在 PCB 板上。

9.3　表面贴装工艺使用的设备

用于贴片的设备称为贴片机。目前，市场上被广泛采用的贴片机品牌有 JUKI、松下、西门子、环球等。现以 JUKI KE-2060 贴片机为例进行介绍，其外观如图 9-2 所示。

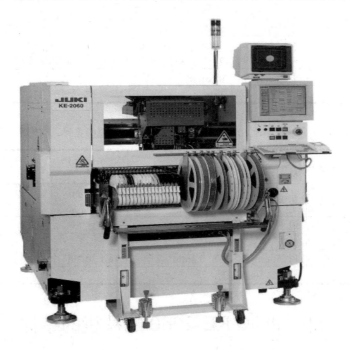

图 9-2　JUKI KE-2060 贴片机

9.4　JUKI KE-2060 贴片机的技术参数

JUKI KE-2060 贴片机的技术参数如表 9-1～表 9-3 所示。

表 9-1　JUKI KE-2060 贴片机的基本参数

贴装精度	方形芯片：±0.05mm(3σ)
最小贴片角度	程序可贴片的角度单位：0.05°
自动工具交换装置(ATC)	29+(大型 2)根
气压	0.5±0.05MPa
周围温度	+10～+35℃
相对湿度	50%RH 以下

表 9-2　JUKI KE-2060 贴片机适用元件的尺寸

项　目		规　格	
贴片头		激光识别(MNLA)	激光识别(FMLA)
元件高度	最小	0.2mm	0.3mm
	最大	・12mm<NC 规格> ・20mm<HC 规格> ・25mm<EC 规格>	
纵×横	最小	0.6mm×0.3mm	1.0mm×0.5mm
	最大	20mm×20mm 或 26.5mm×11mm	33.5mm×33.5mm 或 对角线长 47mm
引脚间距	最小	0.65mm	
球间距	最小	1.0mm	

表 9-3　JUKI KE-2060 贴片机适用基板条件

机　型		M 基板规格	L 基板规格	E 基板规格
基板尺寸	最小	(X)50mm×(Y)30mm		
	最大	(X)330mm× (Y)250mm	(X)410mm× (Y)360mm	(X)510mm× (Y)460mm
基板厚度	最小	0.4mm		
	最大	4.0mm		
翘曲允许值		每 50mm 允许在 0.2mm 以下。上翘下翘总和小于 1mm		
基板材质		纸酚、环氧玻璃		

9.5　JUKI KE-2060 贴片机的结构

JUKI KE-2060 贴片机通过采用可进行 4 吸嘴同时识别的激光校准传感器(MNLA)，实现了高速贴片，总体结构由机架、贴片头、供料器、PCB 传送机构及支撑台，以及 X、Y 与 Z/θ 伺服、定位系统、光学识别系统、传感器和计算机操作系统等组成，如图 9-3、图 9-4 所示。

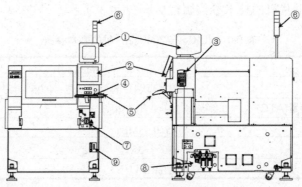

① 监视器；② 液晶显示器；③ HOD 单元；④ 键盘；⑤ 跟踪球；⑥ 信号灯；⑦ 主开关；
⑧ 过滤器调节器；⑨ 风速计/3.5 FDD 单元(软盘驱动器)

图 9-3　JUKI KE-2060 外部结构

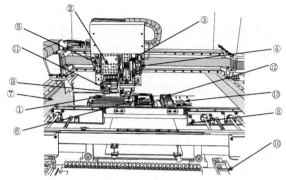

① ATC 单元；② MNLA 贴片头单元；③ FMLA 贴片头单元；④ OCC 单元(R)；⑤ OCC 单元(L)；
⑥ VCS 单元；⑦ X-Y 单元；⑧ 基板传送单元；⑨ CAL 块单元；⑩ 送料器台；⑪ HMS 单元；
⑫ 共面性单元；⑬ CVS 单元

图 9-4　JUKI KE-2060 内部结构

1. 贴片头系统

1) 贴片头单元的构成

贴片头是贴片机上最复杂、最关键的部件，可以说它是贴片机的心脏。它在拾取元器件后能在校正系统的控制下自动校正位置，并将元器件准确地贴放到指定位置。贴片头分固定式多头和旋转式多头，JUKI KE-2060 为固定式多头。JUKI KE-2060 贴片头由检测元件位置偏移、角度偏移的激光校准传感器以及可进行上下驱动与旋转的 Z 滑动轴构成，如图 9-5 所示。

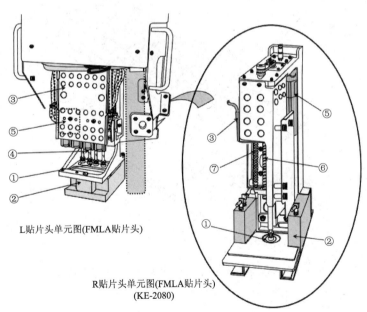

L贴片头单元图(FMLA贴片头)

R贴片头单元图(FMLA贴片头)
(KE-2080)

① 吸嘴外轴；② 激光校准传感器；③ Z 轴马达；④ Z 滑动轴；
⑤ θ 轴马达；⑥ 滚珠丝杠；⑦ 贴片头上部弹簧

图 9-5　贴片头单元

2) 吸嘴

贴片头上实际进行拾取和贴放的贴装工具是吸嘴，它是贴片头的心脏。

吸嘴在吸片时，必须达到一定的真空度方能判别所拾元器件是否正常，当元件侧立或因元件"卡带"未能被吸起时，贴片机将会发出报警信号。

(1) 吸嘴的形状。JUKI KE-2060 的吸嘴分为 No.500、501、502、503、504、505、506、507、508、509 十种，如表 9-4 所示。按照贴装元件形状及尺寸，从中选择适当的吸嘴形状。

表 9-4　吸嘴的形状

No.	500	501	502	503	504	505	506	507	508	509
外观										
外径	1.0mm×0.5mm	0.7mm×0.4mm	ϕ0.7mm	ϕ1.0mm	ϕ1.5mm	ϕ3.5mm	ϕ5.0mm	ϕ8.5mm	ϕ9.5mm	0.2mm×0.4mm
内径	2mm×ϕ0.4mm	ϕ0.25mm	ϕ0.4mm	ϕ0.6mm	ϕ1.0mm	ϕ1.7mm	ϕ3.2mm	ϕ5.0mm	ϕ8.0mm	ϕ0.1mm

(2) 吸嘴的选择方法。吸嘴的选择方法有两种，一种是通过"ATC 吸嘴分配"来自动识别吸嘴，结构如图 9-6 所示。

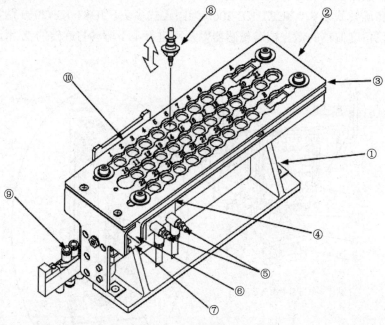

① ATC 基座；② 滑动板；③ ATC 基准板；④ 空气汽缸；⑤ 速度控制器；⑥ ATC OPEN 传感器；⑦ ATC CLOSE 传感器；⑧ 吸嘴；⑨ 5 接口切换电磁阀；⑩ ATC 编号

图 9-6　ATC 吸嘴分配

另一种是手动输入所需吸嘴的编号。手动输入时应尽可能正确地选择吸嘴的编号，否则会出现吸取不良、贴片精度不高等缺陷，为提高精确性，请根据贴片元件吸取面的最小尺寸选择吸嘴编号。选取吸嘴时，可参考吸嘴 No.和最小宽度对照表，如表 9-5 所示。

表 9-5　吸嘴 No.和最小宽度对照表

吸嘴 No.	最小宽度	主要适用元件
500	0.45～1.45mm	1005，1608，SOT(模部 1.6×0.8)，2012
501	0.45mm 以下	0603
502	0.45～0.75mm	1005
503	0.75～1.45mm	1608、SOT(模部 1.6×0.8)、2012 SOT(模部 2.0×1.25) 2012、3216、SOT(模部 2.0×1.25)SOT 23
504	1.1～2.5mm	铝电解电容(小)、钽电容、微调电容
505	2.5～4mm	铝电解电容(中)、SOP(窄幅)、SOJ、连接器
506	4～7mm	铝电解电容(大)、SOP(宽幅)、TSOP、QFP
507	7～10mm	PLCC、SOJ、连接器
508	10mm 以上	QFP、PLCC
509	0.2mm	0402 专用

2. 机器视觉系统

机器视觉系统是影响元件组装精度的主要因素。

机器视觉系统在工作过程中首先是对 PCB 位置的确认，当 PCB 输送至贴片位置上时，安装在贴片机头部的 CCD，首先通过对 PCB 上所设定的定位标志进行识别，实现对 PCB 位置的确认，CCD 对定位标志确认后，通过 BUS 反馈给计算机，计算出贴片圆点位置误差(ΔX，ΔY)，同时反馈给控制系统，以实现 PCB 的识别过程。

(1) OCC(位置校正摄像机)的构成。OCC 的构成如图 9-7 所示，摄像机会检测出基板标记的位置，并自动进行校正。

(2) VCS(图像识别元件位置修正装置)的结构。图像识别元件位置修正装置综合反射、透过照明、立体可动照明、同轴射落照明，进行元件识别及 QFP、BGA、CSP、连接器等的贴片，结构如图 9-8 所示。

3. 贴片机的 X、Y、Z/θ 轴的定位系统

1) X、Y 轴

X、Y 定位系统是贴片机的关键机构，也是评估贴片机精度的主要指标，它包括 X、Y 传动机构和 X、Y 伺服系统，如图 9-9 所示。

JUKI KE-2060 装置的左右方向为 X，前后方向为 Y，以 0.01mm 为单位，显示为 X=000.00mm，Y=000.00mm。坐标系分为生产程序用坐标与示教用坐标，两坐标系将被自动变更，因此无须刻意分开使用。

2) Z 轴

显示高度，以 0.01mm 为单位，表示为 Z=00.00mm。夹紧基板时基板上表面(不使用夹具)为 0，上升方向为+。

3) θ 轴

显示贴片头的旋转角度，以 0.05° 为单位，表示为 A=00.00。以逆时针旋转为正值。

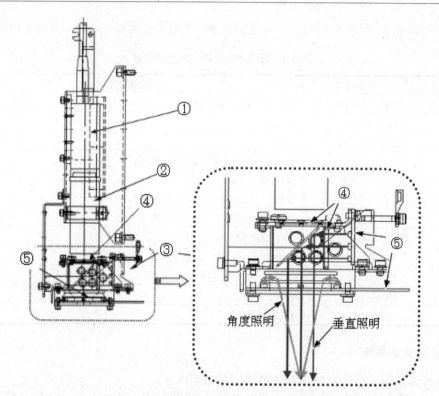

① CCD 摄像机；② OCC 镜头；③ OCC 照明单元；④ 偏光过滤器；⑤ 照明 LED 基板

图 9-7　OCC 的结构

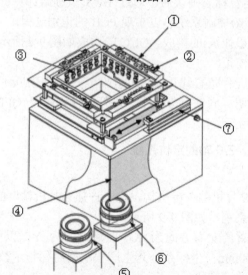

① LED 基板(上层透过照明)；② LED 基板(下层透过照明)；③ LED 基板(侧面照明)；

④ LED 基板(同轴照明)；⑤ LED 摄像机(标准：54mm)；⑥ LED 高分辨率摄像机；⑦汽缸

图 9-8　VCS 的结构

21世纪高职高专电子信息类实用规划教材

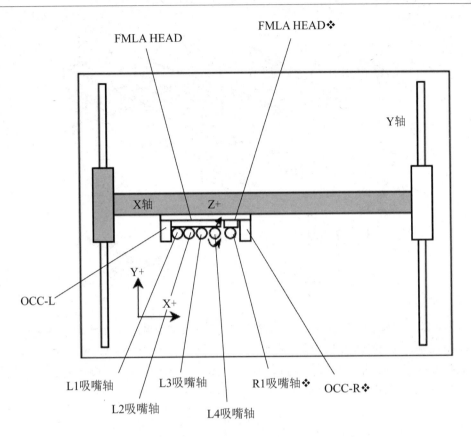

图 9-9　贴片机的 X、Y、Z/θ 轴的定位系统

4. PCB 传送机构

PCB 传送机构的作用是将需要贴片的 PCB 送到预定位置，贴片完成后再将 SMA 送至下一道工序。JUKI KE-2060 的传送机构如图 9-10 所示。

贴片机在固定基板时有两种方式。一是使用定位销的"销基准"法；二是使用夹杆(X, Y)的"外形基准"法。当选用"销基准"定位时，PCB 传送机构的工作流程如下。

(1) 基板被搬入，IN 传感器①检测出基板后，传送电动机⑦将驱动驱动轴⑧，通过传送带开始传送。同时，停止挡销⑨将变为 ON。

(2) 当基板到达停止挡销⑨时，被停止传感器③检测出，支撑台面⑫上升。此时，基板被安装在支撑台面⑫上的定心销⑪、支撑销⑭所固定。

(3) 固定后，下一块基板同样被送进，在等待传感器⑰的位置等候。

(4) 生产完成后解除固定，开始搬出。

(5) 最初的基板在通过 C-OUT 传感器④时，停止挡销⑨再次变为 ON，下一块基板则被固定。

5. 贴片机的传感系统

贴片机中安装有多种传感器，如压力传感器、负压传感器和位置传感器，如图 9-11 所示。在贴片机的运行过程中，所有传感器都会时刻监视机器的正常运转。

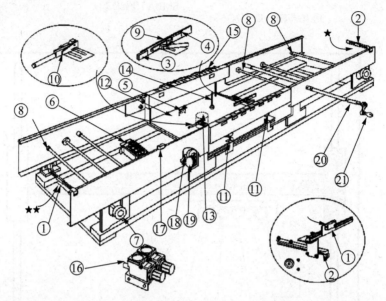

① IN 传感器; ② 搬出传感器; ③ 停止传感器; ④ C-OUT 传感器; ⑤ 支撑原点传感器;
⑥ 传送电磁阀; ⑦ 传送电动机; ⑧ 驱动轴; ⑨ 停止挡销; ⑩ 夹杆 X; ⑪ 定心销;
⑫ 支撑台面; ⑬ 伺服电动机; ⑭ 支撑销; ⑮ 夹杆 Y; ⑯ 减压阀; ⑰ 等待传感器;
⑱ 调整手柄; ⑲ 调整停止挡销; ⑳ 调整杆; ㉑ 手柄

图 9-10　PCB 传送机构

6. 送料器台

带式送料器在工作时安装在送料器台上，送料器台的结构如图 9-12 所示。

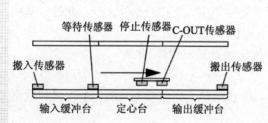

① 送料器台; ② 安装板 A; ③ 安装板 B; ④ 锁定杆;
⑤ 驱动汽缸; ⑥ 位置标签; ⑦ 台架标记

图 9-11　贴片机的传感系统　　　　图 9-12　贴片机的送料器台

9.6　JUKI KE-2060 贴片机的操作方法

JUKI KE-2060 贴片机的生产流程如图 9-13 所示。

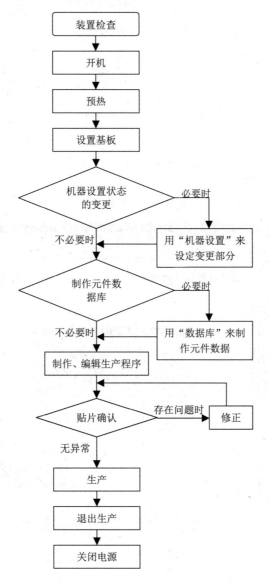

图 9-13　JUKI KE-2060 贴片机的生产流程

1. 开机

(1) 在图 9-14 中，向右旋转主体正面右侧的主开关，接通电源。

(2) 初始设置结束后，显示主界面，如图 9-15 所示。在此基础上可以显示"返回原点"对话框。单击"确定"按钮即可返回原点。

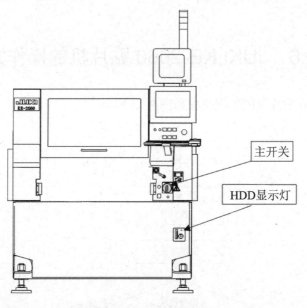

图 9-14　主机正面图

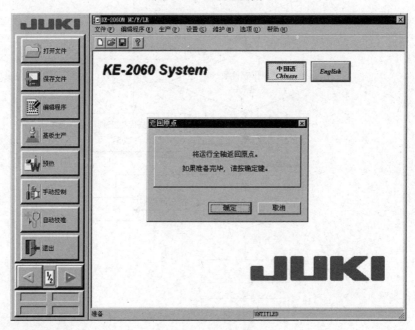

图 9-15　主界面

2. 贴片机的预热

1) 预热的目的

在节假日结束后或在寒冷的地方使用时，须在接通电源后立即进行预热。预热的时间根据具体情况而定，通常为 10min 左右。

2) 预热的方法

(1) 从主界面(见图 9-15)的菜单栏中依次选择"维护"→"预热"命令后，显示如图 9-16

所示的"预热"初始化对话框，可在此设定预热条件。

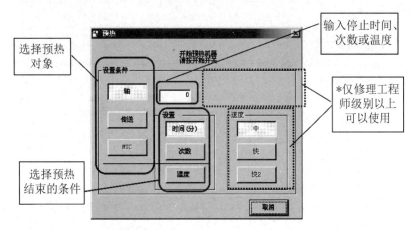

图 9-16　"预热"初始化对话框

(2) 单击 START 按钮，进入预热状态。

(3) 单击 STOP 开关按钮，或选择界面中的"中止"按钮，显示确认结束的对话框。单击"是"按钮，则结束预热，返回初始界面。

3. 设置基板

基板的设置主要包括传送轨道宽度调整、定位销位置调整、支撑销配置。基板设置的操作流程如图 9-17 所示。

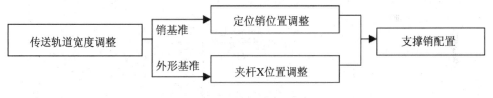

图 9-17　基板设置流程

1) 传送轨道宽度的调整

(1)在调整杆⑳上安装手柄㉑(见图 9-10)，将传送的宽度调整至基板能顺利通过的宽度(基板宽度为+0.5~1mm)。

(2) 确认整个传送轨道范围内，基板都能顺利通过。

(3) 调整完成后，拿下手柄。

2) 销基准的调整方法

定心销包括"基准销"和"从动销"，基板停止一侧的销为基准销。基准销和从动销的调整方法相同。

(1) 启动生产。①在菜单栏上的"窗口"菜单中选择"传送·I/O 状态"命令。②在出现的界面中的"传送个别控制"栏中单击"个别控制"按钮。随之出现下列"个别控制"对话框，如图 9-18 所示。

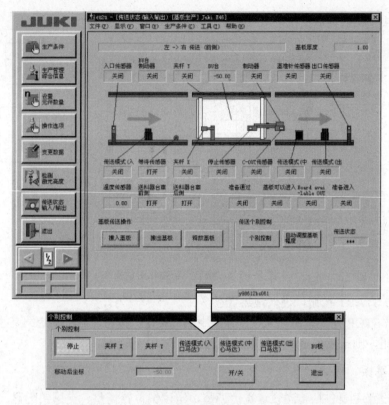

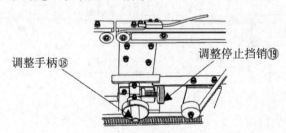

图 9-18　"个别控制"界面(生产空运行状态)

(2) 松开调整停止挡销⑲，如图 9-19 所示。

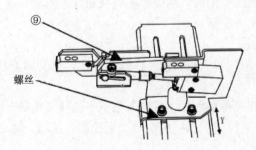

图 9-19　调整停止挡销

(3) 将停止挡销⑨(见图 9-20)置于"开"。单击图 9-18 中的"停止""开/关"按钮。

图 9-20　停止挡销

(4) 将生产基板顶在停止挡销上。基板与停止挡销接触的部分因有缺口而不稳定时，请松动停止挡销底部的螺丝，用手在 Y 方向上进行移动调整。

(5) 将基板侧的孔对准定心销。旋转调整手柄⑱，将定心销(从动侧)向 X 方向移动并对齐。

(6) 进行微调以使定心销能顺利插入基板孔中。可通过单击"支撑台"中的"开/关"按钮，调整定心销的位置。

(7) 固定定心销(从动侧)。旋转调整停止挡销⑲，固定定心销(从动侧)。然后再次上下移动支撑台，确认定心销平滑地进入基板孔。

(8) 配置支撑销。

(9) 调整完成后，单击"个别控制"对话框中的"结束"按钮，以退出"个别控制"对话框。

3) 外形基准的调整方法

外形基准是不用基准销，而通过外侧的夹板装置(X、Y 方向)来固定基板的方法。当使用陶瓷基板等没有基准销孔或孔径与基准销直径不符的基板时，选择此方法进行调整。

(1) 启动生产。

① 从菜单栏中选择"窗口"→"传送·I/O 状态"命令，如图 9-18 所示。

② 选择"个别传送控制"，单击"个别控制"按钮。

(2) 降下定心销。

定心销(基准销和从动销)与外形基准块被一体化，固定在支撑台上，如图 9-21 所示。在此状态下，如果支撑台上升，则定心销会碰到基板。因此，使用外形基准时须降下定心销，在设定时使定心销不与基板接触。

① 降下定心销时→将 A 沿箭头方向按下。

② 升起定心销时→将 B 沿箭头方向按下。

(3) 松开定心销(从动侧)导块。旋转调整停止挡销⑲(见图 9-19)，并放松从动销侧的导块。

(4) 将停止挡销⑨(见图 9-20)置于"开"。选择"止动销"选项，并单击"开/关"按钮。

(5) 将生产基板顶在停止挡销⑨上。

(6) 旋转调节手柄⑱(见图 9-19)，将定心销(从动侧)导块一直移动到基板的外侧。

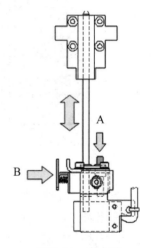

图 9-21　定心销

(7) 使"夹杆 X""夹杆 Y"进入"开"状态。单击"夹杆 X"按钮后，接着单击"开关"按钮。再单击"夹杆 Y"按钮，接着单击"开/关"按钮。

(8) 把夹杆 X 移动到基板的端面。在基板与停止挡销轻微接触的情况下旋转调节停止挡销⑱，并滑动夹杆 X⑩，将其移动到基板的端面。基板与停止挡销接触的部分因有缺口等而不稳定时，松开夹杆 X⑩的停止挡销底部的螺丝(2 根)，用手在 Y 方向上进行移动调整。

(9) 将夹杆 X 与基板端面的间隙调整为 0.5mm。当夹杆 X⑩与基板端面的间隙达到 0.5mm 时，固定调整停止挡销⑲。

(10) 配置支撑销。

(11) 调整完成后，单击"个别控制"对话框中的"结束"按钮，退出个别控制。

4．机器设置状况的变更

设备在出厂时，吸嘴的配置等机器的基本构成均已设置完毕。如果机器的构成没有变化，则无须改变该设定值。当追加吸嘴或变更基准销的位置等，使机器的构成发生变化时，须重新设置该部分。此外，在进行定期检查时，清扫吸嘴后，须同时检查设定值。

1）机器设置的启动和退出

在菜单栏中依次选择"设置"→"机器设置"命令，则显示如图 9-22 所示的"机器设置"初始界面。在菜单栏中依次选择"文件"→"退出"命令，则可退出机器设置，退出时，应保存变更的值。

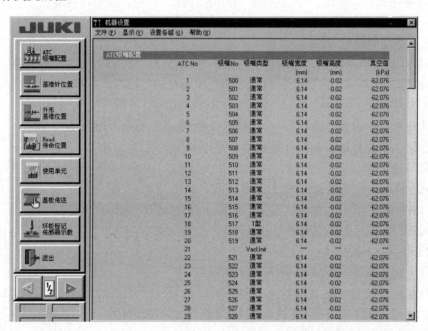

图 9-22　"机器设置"初始界面构成

2）ATC 吸嘴配置

在吸嘴追加、变更、维护后，须进行"ATC 吸嘴分配"操作，作为贴片设备的易耗品之一，吸嘴须根据生产磨损情况定期进行更换，在其进行调整之后，为避免生产中出现撞击与错误操作，吸嘴分配设置必不可少。设置完成后，相关信息将被存储，生产时依据此信息确定现有吸嘴数量及配置情况。

在图 9-22 中单击"ATC 吸嘴配置"按钮，则显示"ATC 吸嘴配置"对话框，如图 9-23 所示。设置"吸嘴 No.""吸嘴类型""真空值""吸嘴高度"。设置将自动进行，也可通过键盘来输入"吸嘴 No."。

3）元件废弃位置

合理设定"元件废弃位置"，按各贴片头、各元件的种类来指定发生识别错误的元件的废弃场所。在产品中含有引脚封装密集、易变形、体积较大的器件时，应指定识别错误时进行抛弃动作的保存位置，以利于废弃元件的回收。

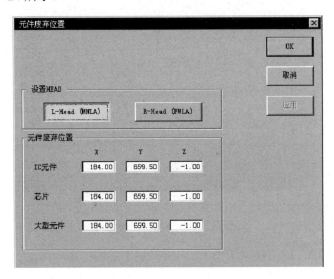

图 9-23　"ATC 吸嘴配置"界面

　　单击图 9-22 中的"设置各组"命令，选择"元件废弃位置"，则显示"元件废弃位置"设置界面，如图 9-24 所示。

图 9-24　"元件废弃位置"设置界面

　　4) 坏板标记传感器示教

　　在加工生产中，当坏板标记的颜色和基板的颜色难以区别时，应对坏板标记传感器进行示教，调整传感器灵敏度。进行摄像机阈值设定和传感器临界值执行可提高识别坏板准确率，这在生产含有坏板的拼板 PCB 时特别有效。由于传感器检测识别率较低，通常使用摄像机方式代替。

　　单击图 9-22 中的"设置各组"命令，选择"坏板标记传感器示教"，则显示"坏板标记传感器示教"设置界面，如图 9-25 所示。

　　5) 基板传送

　　设置基板传送时的条件。单击图 9-22 中的"设置各组"命令，选择"基板传送"，显示"基板传送"设置界面，如图 9-26 所示。

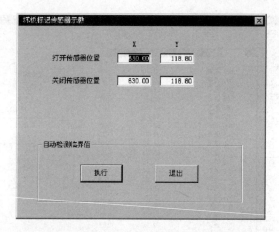

图 9-25 "坏板标记传感器示教"设置界面

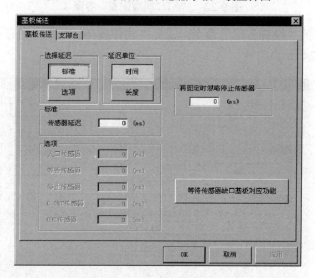

图 9-26 "基板传送"设置界面

现对图 9-26 中的各项解释列示如下。

(1) 选择延迟。

① 标准：各传感器采用相同的延迟时间。

② 可选：各传感器可设置不同的延迟时间。

(2) 延迟单位。从时间(m/s：1/1000 秒)和长度(mm)中选择基板传送传感器延迟设定值的单位。

(3) 传感器延迟。"选择延迟"栏中选择为"标准"后，再设置延迟时间或长度。可设置的值为 0～2500ms 或 0～1000mm。

(4) 选项。"选择延迟"栏中选择为"可选"后，再分别设置入口传感器、等待传感器、停止传感器、C.OUT 传感器、OUT 传感器的延迟时间或长度。可设置的值为 0～2500ms 或 0～1000mm。

(5) 再固定时忽略停止传感器。因传送带浮动等导致生产异常停止后重新生产时，不除去基板而重新固定(翻转后固定)时的延迟时间，可设置的值为 0～5000ms 或 0～200mm。

(6) 等待传感器缺口基板对应功能。当基板缺口部分因等待传感器停止时，不论基板是否存在，等待传感器上的检验状态即被清除，判断为无基板。

5. 制作贴片元件数据库

制作贴片元件数据库参见 9.7 小节。

6. 制作、编辑生产程序

制作、编辑生产程序参见 9.7 小节。

7. 生产操作

1) 生产界面

在主界面(见图 9-15)中依次选择"生产"→"基板生产"命令，或选择"命令"按钮中的"基板生产"，则显示生产条件设定界面，如图 9-27 所示。

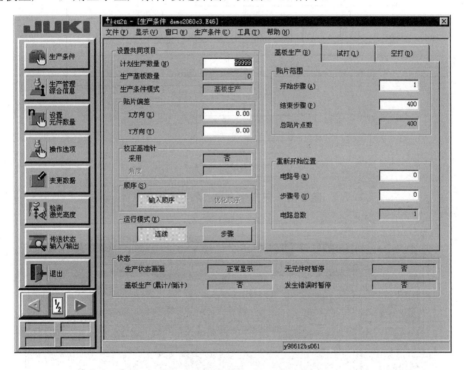

图 9-27　生产条件设定界面

在生产中，有"基板生产""试打""空打"3 种生产模式。

(1) 基板生产——指定生产数量、实际生产基板的模式。

(2) 试打——进行试生产的模式。

(3) 空打——不使用元件而确认吸取贴片动作的模式。

不同生产模式的生产流程如图 9-28 所示。根据各种生产模式，分别设定各自的生产条件。

2) 基板生产条件的设定

基板生产条件的设定包括通用设定项目和个别设定项目两部分内容，如图 9-29 所示。

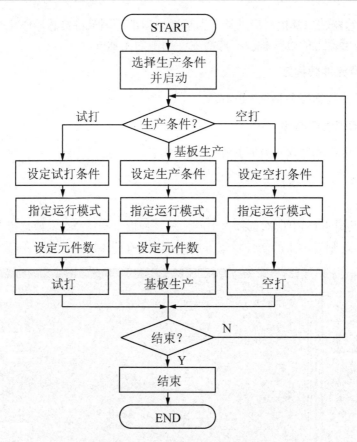

图 9-28　不同生产模式的生产流程

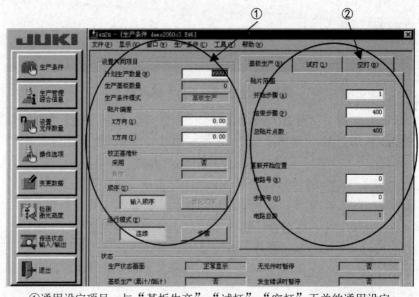

①通用设定项目：与"基板生产""试打""空打"无关的通用设定；

②个别设定项目：可选择"基板生产""试打""空打"设定条件

图 9-29　基板生产条件的设定

(1) 通用设定项目内容如下。

① 计划生产数量：可输入计划生产数量。最初显示上一次生产时的计划数量。新设定时显示"1"。如输入"0"，表明计划生产量为"无限"。

② 生产基板数量：显示已生产的基板的实际数量。

③ 生产条件模式：在个别设定项目中所选择的生产条件模式将以基板生产、试打、空打的顺序进行显示。

④ 贴片偏差：当某些批次的基板有特有的偏移(因基准孔开孔工序等的误差而导致的偏移)时，如果在本项中输入 X、Y 的偏移值，则输入的数值为所有基板的偏移值。

⑤ 校正基准针：显示是否进行操作选项中所设定的基准销的校正。当进行基准销校正时，校正基准针会显示根据基准销与从动销的位置而得到的校正角度。

⑥ 顺序：指定以输入顺序贴片还是以最优化顺序贴片。

⑦ 运行模式：运行各生产模式时，有两种运行模式可供选择，分别是连续和单步。连续是指连续生产基板直至退出生产，单步是指移动位置时暂停，单击 START 开关可继续运行。

(2) 个别设定项目内容如下。

① 基板生产。基板生产选项的设置如表 9-6 所示。

表 9-6　基板生产

No.	项　目	内　容
1	贴片范围 (步骤号)	当想限定贴片范围时，输入开始步骤号和结束步骤号。在总贴片点数的项目中显示 1 电路中的总贴片步骤号
2	重新开始	因某些原因而使生产临时中断，在基板的夹具被解除的情况下，继续剩余元件的贴片，完成基板贴片时进行指定。此外，也可从特定的位置进行贴片

② 试打。试打条件的设定如图 9-30 所示。

Ⅰ 试打电路：设定进行试打的电路。当为单面基板时，不使用。

● 全部电路：对全部电路试打范围中设定的元件进行贴片。

● 基准电路：对基准电路试打范围中设定的元件进行贴片。

● 指定电路：对指定电路试打范围中设定的元件进行贴片。

Ⅱ 试打范围：设定试打范围。

● 指定贴片点：仅贴片数据的试打项设定为 YES 的贴片点。

● 指定元件：元件数据的试打项设定为 YES 的所有元件。

● 全部：所有贴片点。

Ⅲ 指定电路：指定电路编号。

只有在试打电路中指定了指定电路时，才能修改。

Ⅳ 自动输送间隔：自动移动(传送)间隔。

自动传送时，须设定在停止位置上的停止时间。单位是 10ms (0.01s)。

Ⅴ 贴片跟踪：摄像机贴片跟踪。

试打基板后，对是否利用摄像机进行贴片点跟踪，以及跟踪时是自动输送还是手动输送进行设定。

● 不执行：不追踪。

- 自动输送：自动对贴片点进行跟踪。
- 手动输送：停止在贴片点，在操作人员单击 START 开关时移动到下一贴片点。

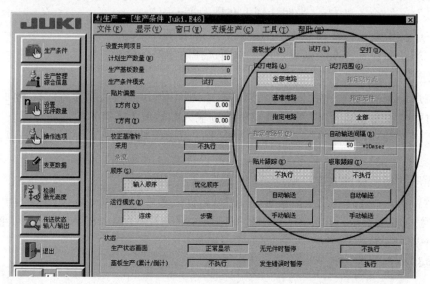

图 9-30　试打条件的设定

VI 吸取跟踪：摄像机吸取跟踪。

试打基板前，对是否利用摄像机进行吸取点的跟踪，以及跟踪时是自动输送还是手动输送进行设定。

- 不执行：不跟踪。
- 自动输送：自动对吸取点进行跟踪。
- 手动输送：停止在吸取点，在操作人员单击 START 开关时移动到下一贴片点。

③ 空打。空打条件的设定如图 9-31 所示。

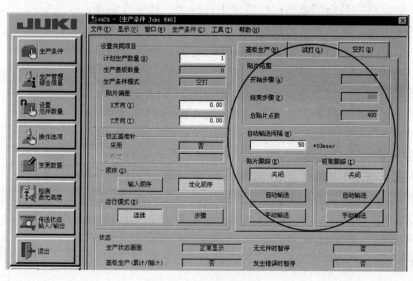

图 9-31　设定空打条件

要限定贴片范围时，则须输入开始步骤号和结束步骤号。

自动输送间隔。自动传送跟踪时，须设定在停止位置上的停止时间。以 0.01 秒为"1"个单位。

3) 生产开始

指定生产条件，单击操作面板上的 START 开关即可开始生产，并显示生产状态显示界面，如图 9-32 所示。其具体内容如下。

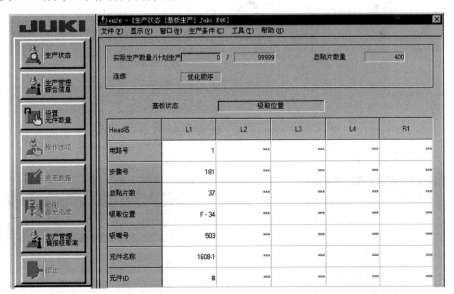

图 9-32　生产状态显示界面

(1) 实际生产数量/计划生产数量。

● 实际生产数量：显示实际生产的数量。

● 计划生产数量：显示在生产条件中所设定的计划生产数量。

(2) 总贴片数量：1 张基板上的所有贴片点数(最大值为贴片点数×电路数)。

(3) 连续：显示当前正在进行的贴片顺序(输入顺序或优化顺序)。

(4) 基板状态：显示当前的生产状态。

(5) 电路号：显示贴片头所吸取贴片元件的通道编号。

(6) 步骤号：显示贴片头所吸取贴片元件的"贴片数据"顺序(因输入顺序与优化顺序而异)。

(7) 吸取位置：显示贴片头吸取的贴片头编号。

(8) 吸嘴号：显示贴片头上安装的吸嘴编号。

(9) 元件名称：显示贴片头将吸取的元件名。

8. 生产暂停、生产中断和退出生产

1) 生产暂停

临时停止生产时，单击操作面板上的 STOP 开关，机器将处于暂停状态。

2) 生产中断

结束预定数量的生产后，生产将中断，并返回生产条件界面。信号灯变为 3 色同时点亮,表示预定数量的生产已结束。

如果想在未达到预定数量时中断生产,则单击 STOP 开关进入暂停状态,然后再次单击 STOP 开关。此时显示确认停止生产界面。单击"确认"按钮后,生产将被中断。

3) 退出生产

在菜单栏中依次选择"文件"→"结束运行程序"命令,单击界面右上角的 X 。显示如图 9-33 所示的信息,在选择是否保存生产程序(含生产管理信息)后,单击"确认"按钮。生产界面结束,显示主界面。

9. 关闭电源

(1) 单击命令按钮中的"退出"按钮。

(2) 在系统结束前,弹出确认安全方向设定的信息。单击"确定"按钮后,进行各种安全方向的设置。

(3) 显示结束的确认信息,如图 9-34 所示。单击"确定"按钮,进行关机处理并结束系统。

(4) 向左旋转主开关,切断电源。

图 9-33　退出生产时的提示信息

图 9-34　结束系统时的确认信息

9.7　JUKI KE-2060 贴片机的编程

贴片机的生产程序由基板数据、贴片数据、元件数据、吸取数据、图像数据 5 个项目构成,如表 9-7 所示。生产程序的编制按照基板数据→贴片数据→元件数据→吸取数据→图像数据的顺序来制作。上一项目未完成时不能打开下一项目。例如,如果没有完成"基板数据"的编制,则不能打开"贴片数据"项。

表 9-7　生产程序的构成

数据种类	内　容
基板数据	包括基板的外形尺寸和 BOC 标记的坐标位置等有关基板整体的数据
贴片数据	包括贴片点的坐标和贴片元件名称等
元件数据	包括元件的尺寸、包装方式等定心时所需的数据
吸取数据	包括带状送料器及管状送料器等元件供应位置的数据
图像数据	包括 QFP、BGA 等图像识别所需的数据

21世纪高职高专电子信息类实用规划教材

1. 基板数据

基板数据由"基本设置""尺寸设置""电路配置"3 个项目构成,如图 9-35 所示。

- 基本设置:输入基板的基本构成。
- 尺寸设置:输入基板的详细尺寸。
- 电路配置:指定电路的位置与角度的项目。

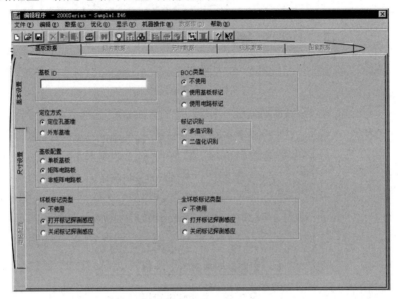

图 9-35 "基板数据"选项卡中的项目

1) 基板设置

基板设置的设定内容如下。

(1) 基板 ID。可以添加补充说明基板名的"注释"。作为基板 ID,可以设置最多 32 个字符的字母、数字及符号。该基板 ID 因会在制作生产程序时及生产中被显示,因此设置应简单明了,也可以省略输入。

(2) 定位方式。定位孔基准——当基板上有定位销插入孔时,通过在此孔中插入基准销来进行定位(定心)的方法。外形基准——对基板的外围进行机械性固定,以决定基板位置。不使用基板定位孔。

(3) 基板配置。

- 单板基板(单电路板):如图 9-36 所示,是指在一块基板上仅存在一个电路的基板。
- 矩阵电路板:如图 9-37 所示,是指在一块基板上存在多个电路,所有电路的角度相同,各电路的 X 方向及 Y 方向间距完全相同的基板。
- 非矩阵电路板:如图 9-38 所示,是指与矩阵电路板相同的,在一张基板上配置多个相同电路,但是间隔及角度不同的基板。

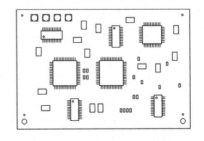

图 9-36 单板基板

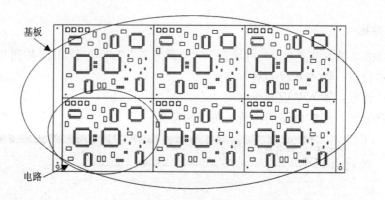

基板

电路

图 9-37 矩阵电路板

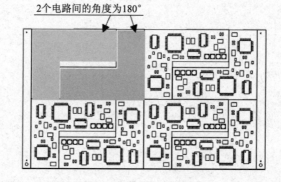

2个电路间的角度为180°

图 9-38 非矩阵电路板

(4) BOC 类型。BOC 是 Board Offset Correction 的缩写，也称"基准标记"，是为了更准确地进行贴片而使用的贴片位置修正标记。

- 不使用：在不使用 BOC 标记时选择。
- 使用基板标记：在使用基板的 BOC 标记以修正贴片坐标时选择。
- 使用电路标记：在使用多电路板时，在对各电路进行 BOC 标记识别以修正贴片坐标时选择。

(5) 标记识别。BOC 标记的识别有两种方法可供选择。

- 多值识别：利用 BOC 摄像机所得到的全部信息进行标记识别。因使用的信息多，可有效防止噪声干扰。一般情况下选择该项。
- 二值化识别：当多值识别发生错误时选择该项。但当标记的边缘拍摄不清晰时，其精度要低于多值识别。

2) 尺寸设置

在 KE2000 系列的生产程序中，用坐标来表示基板上的元件及标记的位置。该基板上的坐标系的原点称为"基板原点"。基板原点可以设置在基板上或基板外的任意位置，使用 CAD 数据制作贴片数据时，应使用 CAD 数据的原点。

同时，在进行元件贴片的贴片机装置中，采用定位孔基准或外形基准来进行基板定位。必须根据"定位孔位置"及"基板设计偏移量"的值，来指定该定位系统与"基板原点"的相对位置。

(1) 单路基板。单路基板的尺寸设置界面如图 9-39 所示。

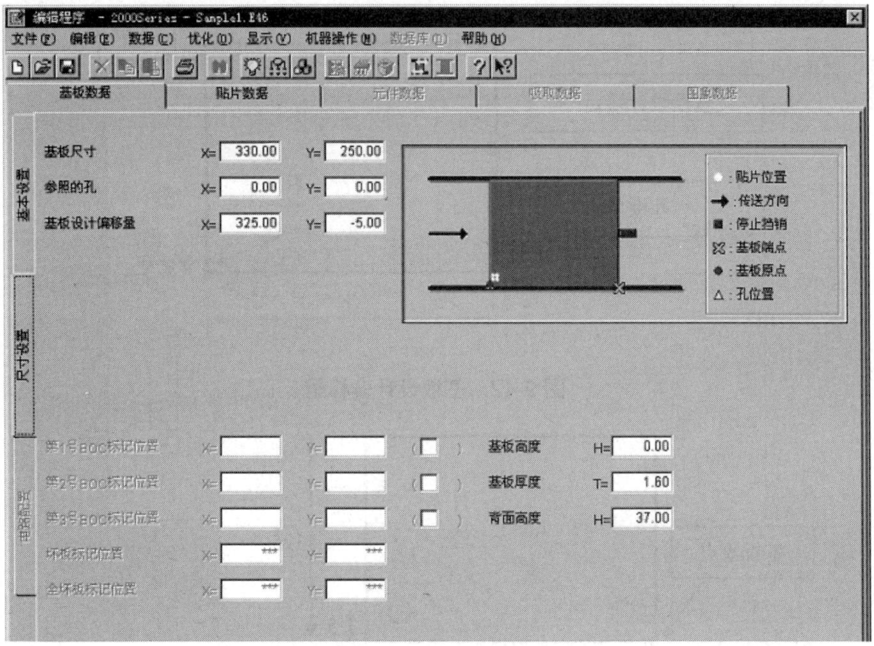

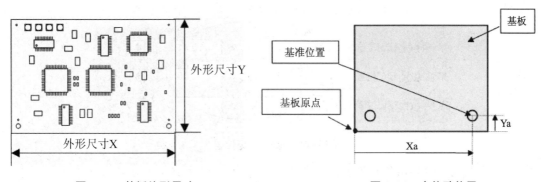

图 9-39　单路基板的尺寸设置界面

① 基板尺寸。输入基板外形尺寸。与传送方向相同的方向为 X，与传送方向垂直的方向为 Y，如图 9-40 所示。

② 参照的孔，即定位孔位置。输入从基板原点到基准销的位置。例如，当传送为前面基准，基板的传送方向为左→右时，以图 9-41 的定位孔为基准。当左下角有基板原点时，分别在定位孔位置的 X、Y 坐标中输入 Xa、Ya(X、Y 均为正值)的值。

图 9-40　基板外形尺寸　　　　　图 9-41　定位孔位置

③ 基板设计偏移量。输入以基板原点确定的基板端点的位置。例如，当传送为前面基准，基板流向为左→右时，如果基板左下角为基板原点，如图 9-42 所示，在基板设计偏移量的 X、Y 坐标中输入(Xb，0)值。

如图 9-43 所示，将左下角定为基板原点(单位为 mm)，当传送为前面基准，基板流向为左→右，基板外形尺寸为 X=165、Y=125 时，定位孔位置为 X=160、Y=5，基板设计偏移量为 X=165、Y=0。

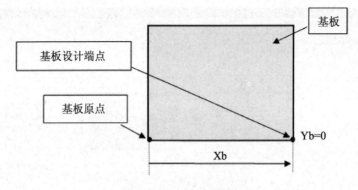

图 9-42　基板设计偏移量

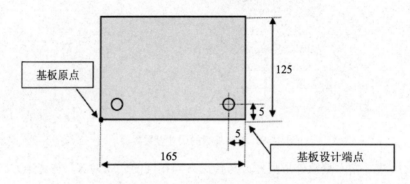

图 9-43　基板设计偏移量应用实例

④ BOC 标记位置。输入由基板原点到各 BOC 标记的中心位置的尺寸，并进行标记形状的示教。BOC 标记需要 2 点或 3 点，如图 9-44 所示。

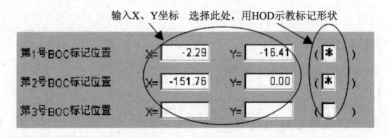

图 9-44　BOC 标记位置

- 使用 2 点时：可修正设计尺寸和实际尺寸(测量尺寸)的差及旋转方向的误差。这时应将第 3 点留为空白。另外，当基板上存在多个标记时，在顾及所有贴片范围的同时，选择对角线上的 2 点。
- 使用 3 点时：在 2 点的基础上，还可修正 X、Y 轴的直角度的倾斜。

⑤ 基板高度。在此输入从传送基准面所看到的基板上面的高度。因此通常输入"0.00"(初始值)。

⑥ 基板厚度。输入基板厚度。该值用于决定基板定心时支撑台上升的高度。

21世纪高职高专电子信息类实用规划教材

⑦ 背面高度。输入基板背面贴片元件中最高元件的高度(两面贴片时,内侧元件不受支撑销干扰的值),如图 9-45 所示。该值将决定生产时支撑台的待机高度。若该值过小,则会由于支撑台的移动距离较短而使生产节拍加快。如果输入比背面元件高度小的值,则基板传送时,支撑销会接触到元件,因此一定要输入比背面元件高度大的值。

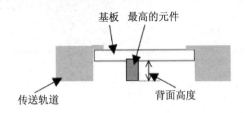

图 9-45　背面高度

(2) 多电路板。在一个基板上,配置多个相同电路(也包括基板)的基板为多电路板,如图 9-46 所示。

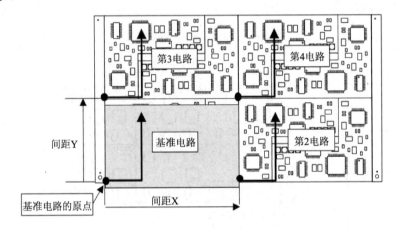

图 9-46　多电路板

此时,在贴片数据上只制作一个电路(此电路叫"基准电路")的数据,在基板数据中输入电路配置(电路之间的间距、电路数等)信息。通过制作"基准电路"的贴片数据,输入"电路数"与"电路之间的间距"信息,完成对整个基板的贴片数据。

如图 9-47 所示为多电路板的尺寸设置界面。

① 基板(外形)尺寸:输入包括所有电路在内的基板的外形尺寸,如图 9-48 所示。

② 参照的孔:与单电路板相同,输入从基板原点来看的基准销位置。

③ 基板设计偏移量:与单电路板相同,输入从基板原点来看的基板设计端点的位置。

④ 电路(外形)尺寸:输入电路的外形尺寸(包括所有贴片坐标在内的尺寸),如图 9-48 所示。

⑤ 电路设计偏移量:输入从基准电路的电路原点到基准电路左下角的尺寸。

⑥ 首电路位置:为电路原点,输入从基板原点来看的基准电路的电路原点的位置。

⑦ 电路(分割)数目:将传送方向设为 X,与传送垂直的方向设为 Y,输入各方向的电路数。

⑧ 电路间距:将传送方向设为 X,与传送垂直的方向设为 Y,输入各方向电路之间的尺寸(必须将电路原点之间的尺寸的正值与负值区分开来)。

图 9-47 多电路板尺寸设置界面

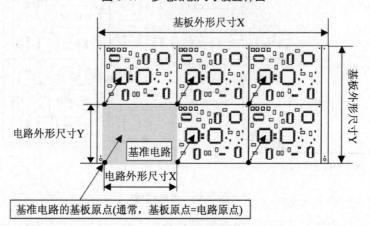

图 9-48 基板外形尺寸

⑨ BOC 标记位置：输入从基板原点或电路原点到各 BOC 标记的中心位置的尺寸。

⑩ 基板高度、基板厚度、背面高度：按照与单电路板相同的方法输入。

例如，如图 9-49 所示，以左下方的电路为基准电路，以电路的左下方的角为电路原点，当传送为前面基准，基板流向为左→右时：

基板外形尺寸为 X=200、Y=120，定位孔位置为 X=0、Y=0，基板设计偏移量为 X=5、Y=-5，电路外形尺寸为 X=50、Y=30，电路设计偏移量为 X=0、Y=0，首电路位置为 X=-170、Y=15，电路数目为 X=3、Y=2，电路间距为 X=60、Y=50。

2. 贴片数据

编辑贴片数据的目的是输入与贴片元件的贴片坐标有关的信息。制作完基板数据后，单击界面上方的"贴片数据"按钮，显示贴片数据制作界面，如图 9-50 所示。

21世纪高职高专电子信息类实用规划教材

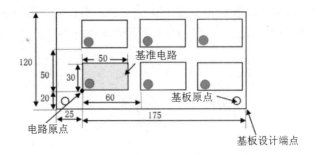

图 9-49 多电路板的尺寸设置

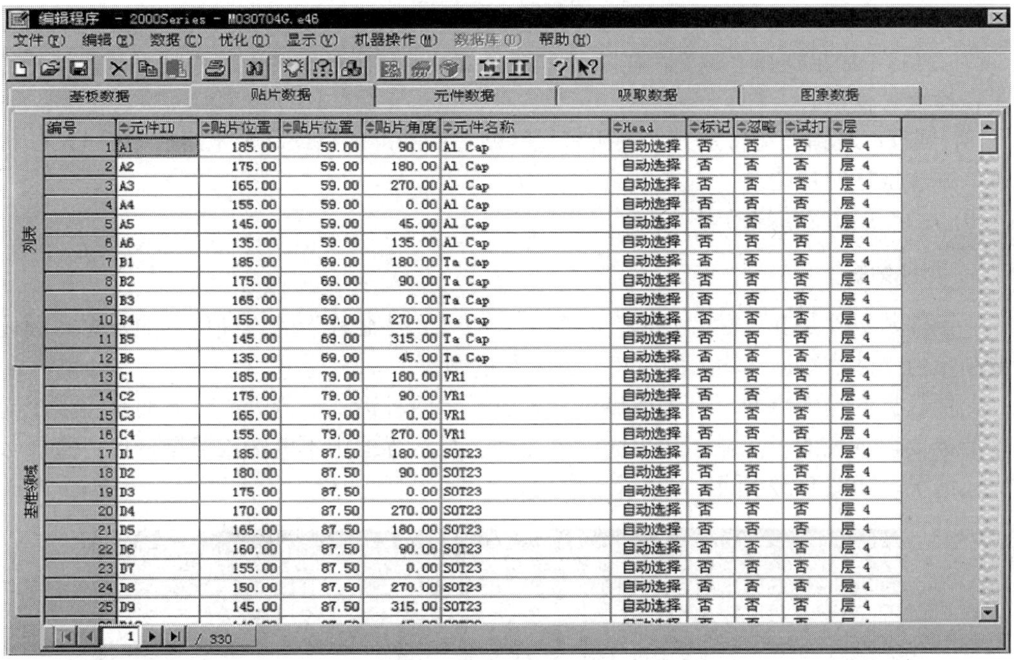

编号	元件ID	贴片位置	贴片位置	贴片角度	元件名称	Head	标记	忽略	试打	层
1	A1	185.00	59.00	90.00	A1 Cap	自动选择	否	否	否	层 4
2	A2	175.00	59.00	180.00	A1 Cap	自动选择	否	否	否	层 4
3	A3	165.00	59.00	270.00	A1 Cap	自动选择	否	否	否	层 4
4	A4	155.00	59.00	0.00	A1 Cap	自动选择	否	否	否	层 4
5	A5	145.00	59.00	45.00	A1 Cap	自动选择	否	否	否	层 4
6	A6	135.00	59.00	135.00	A1 Cap	自动选择	否	否	否	层 4
7	B1	185.00	69.00	180.00	Ta Cap	自动选择	否	否	否	层 4
8	B2	175.00	69.00	90.00	Ta Cap	自动选择	否	否	否	层 4
9	B3	165.00	69.00	0.00	Ta Cap	自动选择	否	否	否	层 4
10	B4	155.00	69.00	270.00	Ta Cap	自动选择	否	否	否	层 4
11	B5	145.00	69.00	315.00	Ta Cap	自动选择	否	否	否	层 4
12	B6	135.00	69.00	45.00	Ta Cap	自动选择	否	否	否	层 4
13	C1	185.00	79.00	180.00	VR1	自动选择	否	否	否	层 4
14	C2	175.00	79.00	90.00	VR1	自动选择	否	否	否	层 4
15	C3	165.00	79.00	0.00	VR1	自动选择	否	否	否	层 4
16	C4	155.00	79.00	270.00	VR1	自动选择	否	否	否	层 4
17	D1	185.00	87.50	180.00	SOT23	自动选择	否	否	否	层 4
18	D2	180.00	87.50	90.00	SOT23	自动选择	否	否	否	层 4
19	D3	175.00	87.50	0.00	SOT23	自动选择	否	否	否	层 4
20	D4	170.00	87.50	270.00	SOT23	自动选择	否	否	否	层 4
21	D5	165.00	87.50	180.00	SOT23	自动选择	否	否	否	层 4
22	D6	160.00	87.50	90.00	SOT23	自动选择	否	否	否	层 4
23	D7	155.00	87.50	0.00	SOT23	自动选择	否	否	否	层 4
24	D8	150.00	87.50	270.00	SOT23	自动选择	否	否	否	层 4
25	D9	145.00	87.50	315.00	SOT23	自动选择	否	否	否	层 4

图 9-50 贴片数据界面

输入"元件 ID"、X、Y、"角度""元件名称"。其他项目(贴片头、标记、忽略、试打、层)中将自动输入初始值。操作时仅对必要的项目进行变更。

(1) 元件 ID：为参照贴片位置而设置的记号。 对于贴片动作没有直接影响，"元件 ID"最多可输入 8 个文字(仅限于英文和数字)。

(2) X、Y：输入贴片位置(X、Y)。坐标位置是从"基板数据"决定的"基板原点"开始的距离。

(3) 角度：以"元件数据"的"元件供给角度"为基准，输入贴片角度。

(4) 元件名称：输入元件名称(最多 20 个字符)，大写字符、小写字符将被作为相同的数据处理。

(5) 贴片头：指定贴片用的贴片头，按输入顺序生产时，要贴片的贴片头可从一览表(按编辑键 F2 或单击鼠标右键)中选择。初始值为"自动选择"，在制作程序后通过实行"优化"，自动选择最合适的贴片头。

(6) 标记(标记 ID)：设定贴片时根据基准领域标记，进行贴片位置的校正。由于可以用贴片元件附近配置的标记进行校正，所以经常用于精度要求高的元件，如图 9-51 所示。

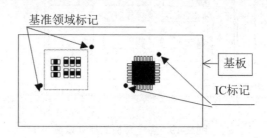

图 9-51　IC 标记

(7) 忽略：如果选择“是”，在贴片时将会跳过，该行的贴片点将不被贴片，该功能主要是在检查时使用。

(8) 试打：是指在将特定元件或所有元件贴片到基准电路或整个电路后，用 OCC 摄像机确认贴片坐标的功能。

(9) 层：可指定贴片的顺序。

3. 元件数据

“元件数据”是在“贴片数据”界面输入的“元件名称”的详细信息的数据。因此，需要制作由“贴片数据”输入的所有元件名称的数据。

元件数据的输入界面，有表格显示和列表显示两种形式。列表显示界面是将多个元件数据的概要以列表的形式显示在界面中。在列表显示界面中不能输入数据，但可查看数据的完成情况，如图 9-52 所示。

编号	元件名称	元件类型	包装	送料器类型	定中心(吸嘴号)	贴片数	送料器	层	忽略
1	3x3	外形识别元件	带状	8mm 纸带 4mm(4*1)	V(500)	124	4	层 4	不执行
2	2125	方型芯片	带状	8mm 纸带 4mm(4*1)	L(500)	27	4	层 4	不执行
3	10x10	外形识别元件	盘装	MTC	V(507)	20	0	层 4	不执行
4	SOT23	SOT	带状	8mm 胶带 4mm(4*1)	L(504)	12	2	层 4	不执行
5	DANTOBASHI04	QFP	盘装	MTC	V(508)	12	0	层 4	不执行
6	SOP28	SOP	带状	24mm 胶带 16mm(8*2)	V(507)	11	1	层 4	不执行
7	1608	方型芯片	带状	8mm 纸带 4mm(4*1)	L(500)	10	3	层 4	不执行
8	3216	方型芯片	带状	8mm 纸带 4mm(4*1)	L(504)	9	1	层 4	不执行
9	DANTOBASHI01	QFP	盘装	MTC	V(508)	9	0	层 4	不执行
10	SOT(2125)	SOT	带状	8mm 胶带 4mm(4*1)	L(504)	8	1	层 4	不执行
11	SOT(1608)	SOT	带状	8mm 胶带 4mm(4*1)	L(500)	8	2	层 4	不执行
12	ICC-001	通用图形元件	盘装	MTC	V(508)	8	0	层 4	不执行
13	DANTOBASHI06	QFP	盘装	MTC	V(508)	8	0	层 4	不执行
14	DANTOBASHI03	QFP	盘装	MTC	V(508)	8	0	层 4	不执行
15	DANTOBASHI02	QFP	盘装	MTC	V(508)	8	0	层 4	不执行
16	Al Cap	铝电解电容器	带状	16mm 胶带 8mm(8*1)	L(505)	6	1	层 4	不执行
17	Ta Cap	方型芯片	带状	12mm 胶带 4mm(4*1)	L(505)	6	1	层 4	不执行
18	DANTOBASHI05	QFP	盘装	MTC	V(508)	6	0	层 4	不执行
19	SOP16	SOP	带状	16mm 胶带 8mm(8*1)	V(506)	5	1	层 4	不执行
20	NR1	网络电阻	带状	24mm 胶带 8mm(8*1)	L(505)	4	1	层 4	不执行
21	VR1	微调电容器	带状	8mm 胶带 4mm(4*1)	L(505)	4	1	层 4	不执行
22	QFP0.5mm 304Pin	QFP	盘装	MTC	V(508)	3	0	层 4	不执行
23	QFP0.5mm 208Pin	QFP	盘装	MTC	V(508)	3	0	层 4	不执行
24	QFP0.3mm 160Pin	QFP	盘装	MTC	V(508)	3	0	层 4	不执行

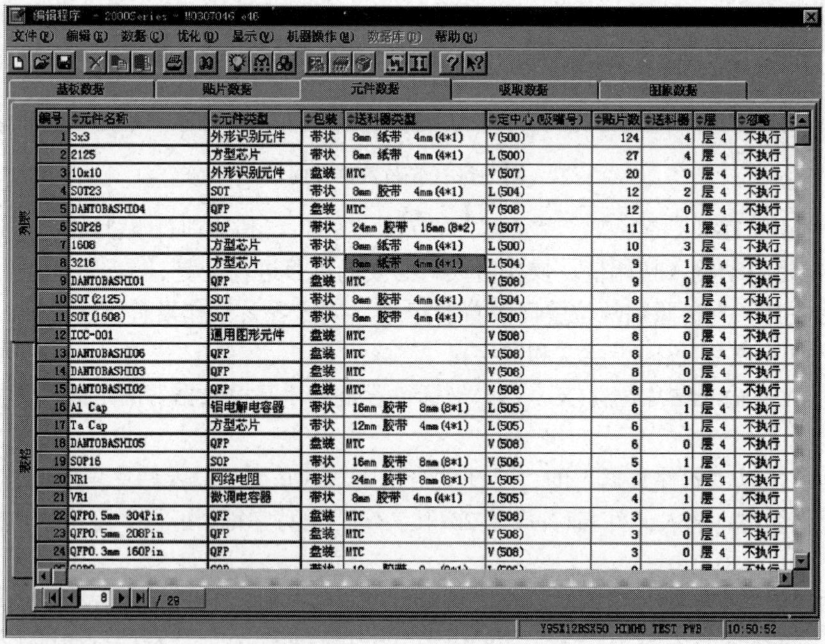

图 9-52　元件数据的列表界面

从列表界面中选择元件名(双击)后，将显示所选择元件数据的表格界面，此时，可进行元件数据的制作和编辑。界面由标签①、基本部分(②所在区域)与包装方式、定中心、附加信息、详述、检测④构成，其中包装方式如③所圈内容。1 个元件数据显示为一个界面，如图 9-53 所示。

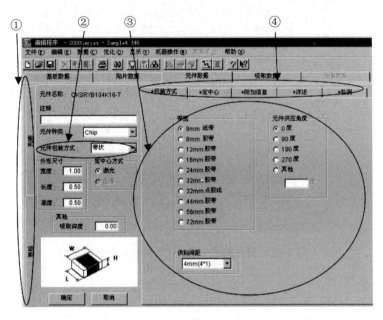

图 9-53　元件数据表格界面

元件数据的制作需要编辑基本部分(包括注释、元件种类、元件包装方式、外形尺寸、定中心方式、吸取深度)以及包装方式、定心、附加信息、详述、检测部分。其中，仅基本部分和包装方式需要设置。其他项目的初始值已登录，没有必要时不要更改。

1) 基本部分的参数设置

(1) 注释：对仅靠元件名称难以进行区分的元件，须输入注释，注释也可省略。

(2) 元件种类：从下拉列表中选择元件种类。

(3) 元件包装方式：从下拉列表所显示的包装方式中选择元件供给装置的种类。

(4) 外形尺寸。

① 对于激光识别元件：输入需要进行激光识别的元件外形尺寸。因此，须输入激光照射部分的纵横尺寸。

② 对于图像识别元件：用键盘输入需要进行图像识别的元件的外形尺寸。有引脚的元件通常须输入包括引脚在内的尺寸。

(5) 定中心方式：指定求出元件中心的方法。

(6) 吸取深度：当插头元件等吸嘴的吸取面比元件上底面低时，须输入由吸嘴底端到元件上表面的尺寸，如图 9-54 所示。此时，"元件高度"为吸嘴底端到元件下表面的尺寸。

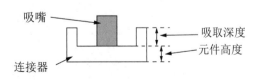

图 9-54　吸取深度示例

2) 包装方式

(1) 带状元件的输入方法。带状包装元件的设置界面如图 9-55 所示。

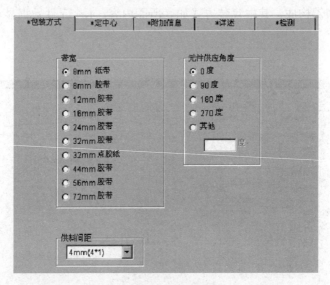

图 9-55　元件数据中带状包装元件的设置界面

① 带宽：选择带的宽度。

② 供料间距：选择带的传送间距，如图 9-56 所示。当带为 12～72mm 时，根据带状送料器的传送间距来设置元件数据的间距。例如用 12mm 的带状送料器以 8mm 的间距传送时，将带状送料器的传送挡块设为 8，然后将"元件数据"的间距设为"4*2"。

③ 元件供应角度：输入带状送料器上的元件包装方式相对于JUKI 的元件供应角度 0°的角度。

(2) 管状元件的输入方法。管状包装元件的设置界面如图 9-57所示。

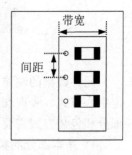

图 9-56　供料间距

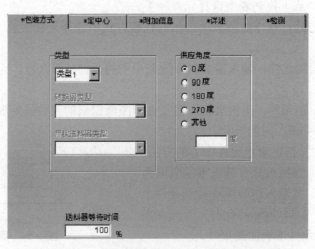

图 9-57　元件数据中管状包装元件的设置界面

① 类型：选择管状送料器的类型。

② 送料器等待时间：用百分比设置从上一个元件吸取完成后到吸取下一个元件之间的等待时间(根据各送料器型号设置的值)相对于实际等待时间的比例。

③ 供应角度：输入管状送料器上的元件包装方式相对于 JUKI 的元件供给角度 0° 的角度。

(3) 托盘的输入方法。托盘包装元件的设置界面如图 9-58 所示。

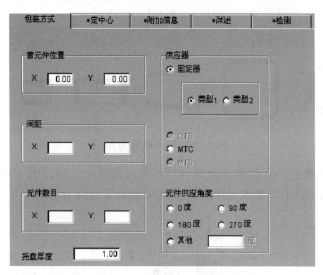

图 9-58　托盘包装元件的设置界面

① 首元件位置：输入从托盘外形到首元件的中心位置的距离(X、Y)。

② 间距：输入元件的间距(间距 X、间距 Y)，如图 9-59 所示。

③ 元件数目：输入横向、纵向的元件数(Xn、Yn)，如图 9-59 所示。

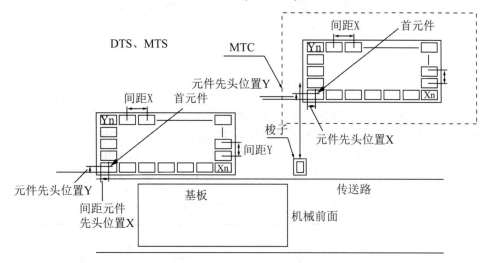

图 9-59　托盘的元件间距、元件数

④ 托盘厚度：输入包括元件在内的托盘下底面到上底面的高度 T。

⑤ 供应器：从 DTS、MTC、MTS 中选择供给装置。

⑥ 元件供应角度：输入托盘上的元件包装方式相对于 JUKI 的元件供应角度 0° 的角度。元件的横、纵信息将影响贴片的角度。

(4) 元件供应角度设置是为了消除本贴片机规定的元件供应角度与实际供给元件的供应角度的差。

① 贴片角度。本装置以"贴片元件的姿态"为基准来定义元件的角度。贴片角度=0°(当贴片数据中"角度"设置为 0° 时)的状态如图 9-60 所示。

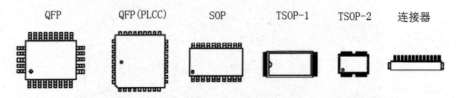

图 9-60　贴片角度为 0°

② 元件供应角度。当元件供应角度=0°、贴片角度=0° 时，为了获得如图 9-60 所示的贴片结果(以 SOP 为例)，要求元件的供应方向应如图 9-61 所示。

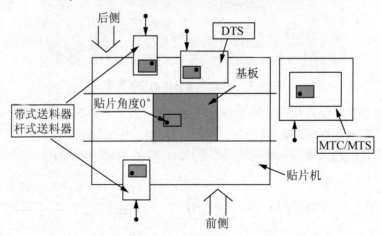

图 9-61　元件供应方向

③ 所用元件的方向与元件供应角度的关系。进行生产时使用的元件的实际方向，不一定是本装置规定的 0° 方向。应根据元件的实际方向设置元件供应角度。

④ JUKI 的元件供应角度定义。元件供应角度 0° 的定义及各个角度如表 9-8 所示。对于没有极性的元件，无须区别元件的供应角度 0° 与 180°、90° 与 270°。

表 9-8　JUKI 的元件供应角度的定义

元件种类	0°	90°	180°	270°
方型芯片				
SOT				

续表

元件种类	0°	90°	180°	270°
SOP	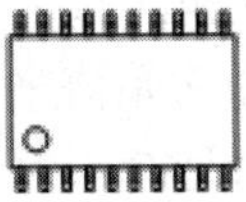		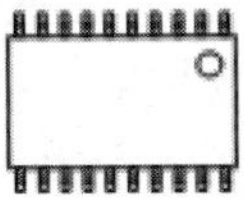	
QFP			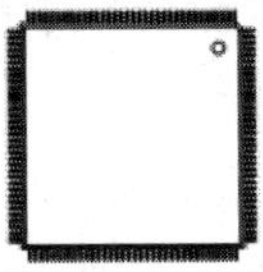	
BQFP	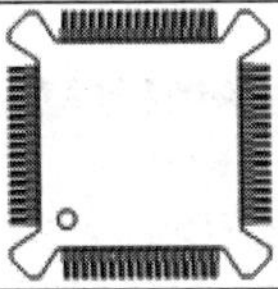	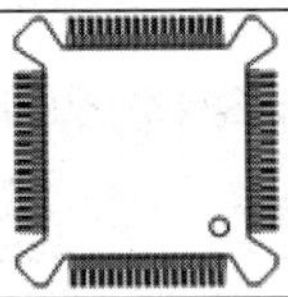	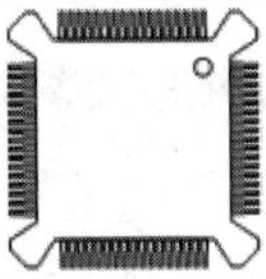	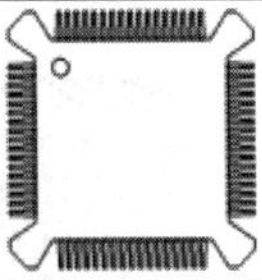
网络阻抗		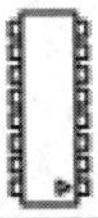		

4. 吸取数据

吸取数据可指定供给各元件的位置和吸取位置。安装在送料器台上的元件供给装置有带状送料器、管状送料器、散件送料器、托盘支架、DTS，以及作为其他元件的供给装置的 MTC 和 MTS。在一个送料台上用于送料器设置的孔有 79 个，在送料器前端的销所插入的孔的编号即为该送料器的配置编号。

打开列表界面显示吸取数据，如图 9-62 所示。

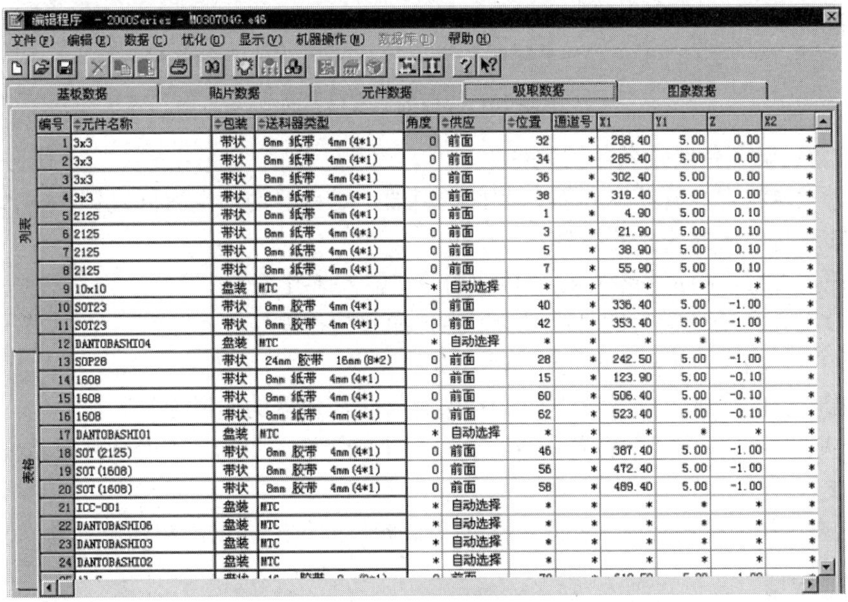

图 9-62　吸取数据列表界面

双击元件名或单击界面左侧的"表格"标签,打开如图 9-63 所示的表格界面。

元件名称、包装、供应器分别显示了输入在贴片数据及元件数据中的信息。可在表格界面中编辑"角度""供应""位置""通道号""吸取坐标"和"状态"6 个项目。

(1) 角度:指定元件吸取角度。需用元件数据设置的角度作为初始值来设置。

(2) 供应:可指定将送料器设置在前面或后面。在初始状态时选择"自动选择"。

- 自动选择:进行优化送料器配置。

- 前面:从前面供给元件。

- 后面:从后面供给元件。

设置"前面"或"后面",则可输入"角度""吸取坐标""状态"等。

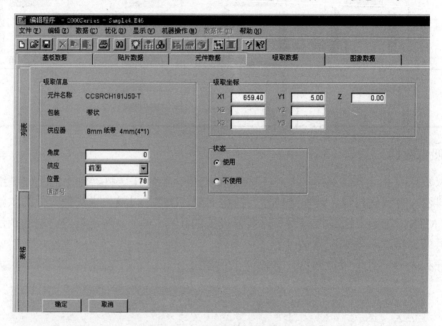

图 9-63 吸取数据表格界面

(3) 位置:输入供给设备的安装位置。

对于带状送料器、管状送料器、散件送料器,送料器的前端有固定销,输入该销在主体送料器安装孔中所插入孔的编号。

对于托盘支架,指定安装标记所标示的送料器安装孔编号。

对于 DTS,自动设置为机器设置中所指定的安装孔编号。

对于 MTC/MTS,指定托盘元件的容纳层。

(4) 通道号(仅管状送料器需要设置):选择管状送料器的通道编号。

(5) 吸取坐标:指定吸取位置的 X、Y 和 Z 坐标。输入供给、编号项目时将被自动计算并显示。

(6) 状态:在生产进行时,指定是否使用该元件的供给装置。初始设置为"使用"。

5. 图像数据

用 VCS 摄像机输入用于元件定心的信息,因此将 VCS 摄像机可识别的元件的明亮部分的信息作为图像数据输入。以 QFP 为例，VCS 摄像机识别引脚(明亮部分)，以求出所有引脚的中心。因此在图像数据上输入引脚信息。

切换至"图像数据"标签后，先打开列表界面，如图 9-64 所示。从列表界面中可看到图像数据的一览，还可进行编辑。

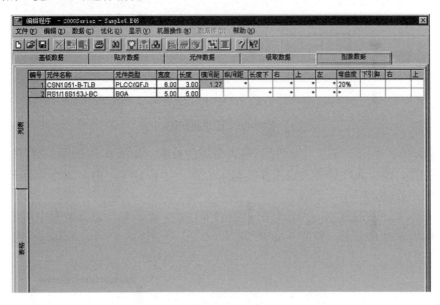

图 9-64　图像数据的列表界面

双击元件名或单击界面左侧的"表格"标签，打开如图 9-65 所示的表格界面。表格界面因元件种类不同而异。

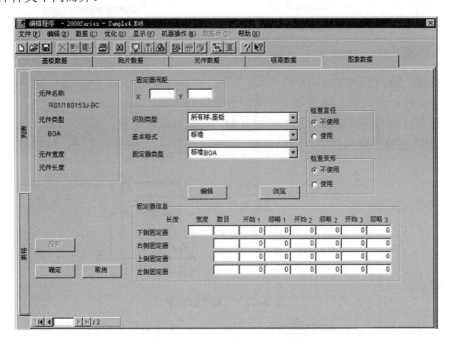

图 9-65　图像数据的表格界面

(1) 元件名称、元件类型、元件宽度(长度):显示"元件数据"中已输入的值。变更时,在"元件数据"中进行修改。

(2) 固定器间距(X、Y):输入引脚间或球面间(从引脚或球面中心到下一个引脚或球面中心)的距离,如图 9-66 所示。

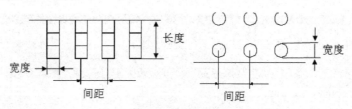

图 9-66　固定器间距

(3) 引脚的长度(下、右、上、左):输入引脚的长度,如图 9-67 所示。有下、右、上、左的输入位置,根据元件种类决定需要的输入位置。对于 QFP,由于 4 个方向长度相同,只需要输入 1 处(长度下)。

下、右、上、左的规定:图像数据中的"下、右、上、左"以本装置中所定义的 0°的贴片方向为基准来表示,如图 9-68 所示。

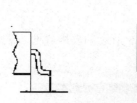

图 9-67　引脚长度

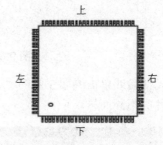

图 9-68　上、下、左、右的规定

(4) 宽度:输入引脚宽度或球的直径。

(5) 下、右、上、左:输入各个方向的引脚数或球数。

(6) 弯曲:为了检查引脚水平方向的弯曲,设置检测水平值,如图 9-69 所示。该值是相对于引脚间距的引脚弯曲率。通常设置为 20%～30%,若缩小判定值,检查将变得严格。

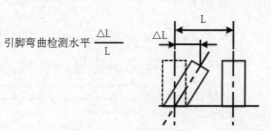

图 9-69　引脚弯曲水平

(7) 欠缺开始/欠缺数:引脚或球有欠缺时,输入其信息。欠缺信息可分别在 4 个方向上设置,1 个方向最大可设置 3 处。

(8) 识别类型(仅选择 BGA 元件、外形识别元件)：指定 BGA(FBGA)元件和外形识别元件的识别方法。

(9) 基本格式。当球周围有发光部分的元件时，通过将其发光部分作为数据登录，在图像定心时，忽略球周围的发光部分(基本样式)。

(10) 球面图案(仅限于 BGA、FBGA)。设置 BGA 元件的识别图案，如图 9-70 所示。

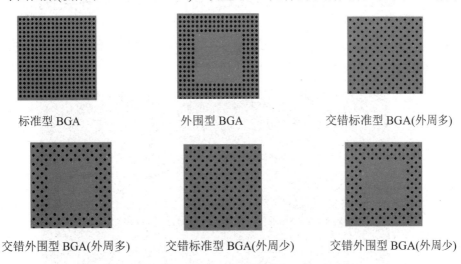

标准型 BGA　　　　　　外围型 BGA　　　　　交错标准型 BGA(外周多)

交错外围型 BGA(外周多)　　交错标准型 BGA(外周少)　　交错外围型 BGA(外周少)

图 9-70　BGA 元件的球面图案

6. 数据完成状态

检查数据的完成状态，若未完成则不能进行优化。从菜单栏中依次选择"数据"→"数据完成状态"命令，显示如图 9-71 所示的界面。

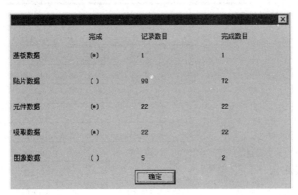

图 9-71　数据完成状态

如果"记录数目"和"完成数目"一致，则表示数据已完成，在"完成"的"( )"中显示"*"。另外，"吸取数据"及"记录数目"为 0 的项目，即使不显示"*"，也被看作完成。当有未完成的项目时，需要完成该项目。

7. 数据的一致性检查

检查已制作的程序和机器设置中的设定内容是否矛盾，并检查程序本身是否矛盾。数据的一致性检查结束后，即可进行优化。当检查结果显示有错误发生时，则显示错误内容。此时，请参考显示内容，修改程序或"机器设置"。数据一致性检查的方法为：从菜单栏中依次选择"数据"→"数据一致性检查"命令，即可进行一致性检查。

9.8　JUKI KE-2060 贴片机的应用实例

实训所加工的目标 PCB 板如图 9-72 所示，所使用的贴片元器件如表 9-9 所示，我们采用以下步骤操作 JUKI KE-2060 贴片机。

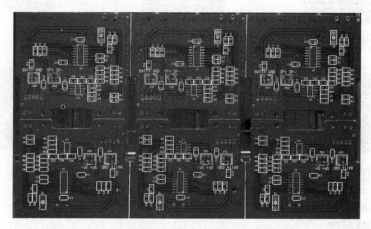

图 9-72　目标 PCB 板

表 9-9　贴片元器件

元器件名称	元器件图	X 坐标	Y 坐标	角　度
R1		41.01	18.41	90.00
R2		7.59	38.98	0.00
R3		7.61	41.11	0.00
R4		45.54	18.38	90.00
R5		7.59	26.19	0.00
R6		7.59	32.52	0.00
R7		7.58	28.29	0.00
R8		7.58	30.40	0.00
R9		18.29	40.66	0.00
R10		47.32	24.45	90.00
R11		14.40	30.31	0.00
R12		23.19	32.29	0.00
R13		27.39	32.31	0.00
R14		18.37	36.63	0.00
L1		18.28	38.66	0.00
L2		9.91	17.02	90.00

元器件名称	元器件图	X 坐标	Y 坐标	角　度
C1		14.40	22.50	0.00
C2		14.39	20.50	0.00
C3		43.19	18.40	90.00
C4		32.35	23.66	0.00
C5		9.78	12.72	90.00
C7		31.53	34.53	90.00
C8		14.39	32.27	0.00
C9		7.51	12.69	90.00
C10		18.31	34.60	0.00
C11		14.40	28.29	0.00
C12		18.90	32.31	0.00
C13		41.49	34.15	90.00
C14		14.40	26.19	0.00
C21		24.05	12.96	0.00
D1		13.93	10.70	270.00
U1		23.92	20.10	90.00
U2		25.33	36.28	270.00

1. 贴片前准备

(1) 贴装前必须做好以下准备。

① 根据产品工艺文件的贴装明细表领料(PCB、元器件)并进行核对。

② 对已经开启包装的 PCB，根据开封时间的长短及是否受潮或受污染等具体情况进行清洗或烘烤处理。

③ 对于有防潮要求的器件，检查是否受潮，并对受潮器件进行去潮处理。

开封后检查包装内附的湿度显示卡，如果指示湿度大于 20%(在 25±3℃时读取)，说明器件已经受潮，在贴装前须对器件进行去潮处理。潮湿敏感元器件(MSD)的管理、存储、使用要求详见第 2 章。

(2) 设备状态检查。

① 气压供给必须在 0.5MPa 以上。

② Feeder 必须保持水平方向安装。

③ 工作头上的吸嘴必须都已放回吸嘴站上。

④ X、Y 轴不能有杂物。

⑤ 紧急开关必须是解除的。

⑥ DTS 或 MTC 上不能有异物。

⑦ DTS 或 MTC 电源必须与机器接好。

2. 利用 JUKI KE-2060 贴片机进行贴片的具体操作步骤

(1) 开机。

① 打开总电源及总气源开关。

② 打开机身主电源开关。

③ 机器自动进入屏幕菜单,单击 ORIGIN 按钮,执行各轴回归原点。

(2) 生产。

① 用鼠标单击 prod 生产菜单,进入 PCB 程序菜单。

② 选择需要生产的 PCB 程序文件,然后单击 open 按钮打开文件,进入生产状态界面。

③ 然后单击绿色 START 按钮开始生产。

④ 若在生产时需要立即停止,直接单击红色 STOP 按钮,可停止生产。

⑤ 单击 SINGLE CYCLE 按钮,正在生产的一块板卡生产完毕后,可停止生产。

贴装好元器件的 PCB 如图 9-73 所示。

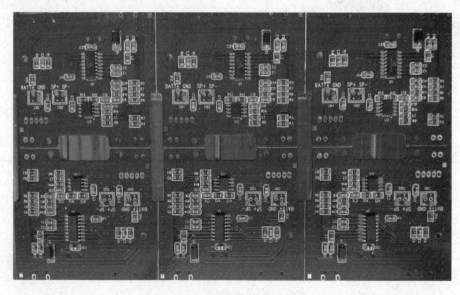

图 9-73 贴装好元器件的 PCB

(3) 关机。

① 将机器各轴回归原点。

② 保存并退出生产菜单,回到主菜单。

③ 单击 EXIT 按钮退出主菜单。

④ 在机器提示下，将机身主电源开关打至 OFF 位置。

⑤ 关闭总电源和气压开关。

9.9　表面贴装工艺的常见问题及解决措施

1. 贴片偏移

(1) 整个基板发生贴片偏移(每个基板都反复出现)。整个基板发生贴片偏移的原因及解决措施如表 9-10 所示。

表 9-10　整个基板发生贴片偏移的原因及解决措施

原　因	措　施
"贴片数据"的 X、Y 坐标输入错误	重新设定"贴片数据"(确认 CAD 坐标或重新示教等)
BOC 标记的位置偏移或脏污，尤其是脏污时，贴片偏移的倾向极有可能不固定	确认并重新设定 BOC 标记。另外，采取适当措施以免再弄脏 BOC 标记
制作数据时，在不实施 BOC 校准的状态下对贴片坐标进行示教	制作好"基板数据"后，务必实施 BOC 校准，然后再对"贴片数据"进行示教
使用 CAD 数据时，CAD 数据的贴片坐标或 BOC 标记的坐标出现错误	确认 CAD 数据，出现错误时，重新对全部贴片数据进行示教。其中，整体偏向固定方向时，移动基板数据的 BOC 坐标(例：X 方向偏移 0.1mm 时，所有 BOC 标记的 X 坐标都减少 0.1mm)以校正偏移

(2) 仅基板的一部分发生贴片偏移。仅基板的一部分发生贴片偏移的原因及解决措施如表 9-11 所示。

表 9-11　仅基板的一部分发生贴片偏移的原因及解决措施

原　因	措　施
"贴片数据"的 X、Y 坐标输入错误	重新设定"贴片数据"(确认 CAD 坐标或重新示教等)
使用 CAD 数据时，CAD 的贴片坐标或 BOC 标记的一部分出现错误。若某一处的 BOC 标记的坐标移动，其周边的贴片偏移便会增大	确认 CAD 数据，出现错误时，重新设定该部分的贴片坐标或 BOC 标记坐标
BOC 标记脏污	清扫 BOC 标记。另外，采取适当措施以免弄脏 BOC 标记
"基板数据"的"基板厚度"输入错误。在这种情况下，由于基板的上下方向上出现松动，有时会在某个区域发生贴片偏移。贴片偏移量通常参差不一	确认、修正"基板数据"的"基板高度"与"基板厚度"

续表

原　因	措　施
支撑销设置不良。在薄基板或大型基板时易发生贴片偏移	主要将支撑销设置在发生贴片偏移的部分下
由于支撑台下降速度快，基板夹紧解除时已完成贴片的元件的一部分产生移动	在"机器设置"的"设定组"→"基板传送"中设定为"中"或"低"
基板表面的平度较差	需要重新考虑基板本身。另外，调整支撑销配置有时也会有一定效果

(3) 仅特定的元件发生贴片偏移。仅特定的元件发生贴片偏移的原因及解决措施如表 9-12 所示。

表 9-12　仅特定的元件发生贴片偏移的原因及解决措施

原　因	措　施
"元件数据"中的"扩充"中的"激光高度"或吸嘴选择错误	稳定元件并将可定心的高度设定为激光高度，另外，选用可吸取的最大吸嘴
"元件数据"的"附加信息"中的"贴片压入量"设定错误	重新设定适当的"贴片压入量"
IC 标记的位置偏移或脏污	重新设定 IC 标记坐标(在已示教的情况下须确认坐标)
支撑销设置不良。在薄基板或大型基板时易发生贴片偏移。通常是在某个区域发生贴片偏移	重新设置支撑销。尤其是在发生贴片偏移的元件之下要重点设置
由于支撑台下降速度快，基板夹紧解除时已完成贴片的元件的一部分产生移动。尤其是焊锡膏的黏着力较低时，与电解电容等元件重量相比，接地面积小的元件容易发生	在"机器设置"的"设定组"→"基板传送"中，将"下降加速度"设定为"中"或"低"

2. 整个基板贴片不齐(每个基板的偏移方式各不相同)

整个基板贴片不齐(每个基板的偏移方式各不相同)的原因及解决措施如表 9-13 所示。

表 9-13　整个基板贴片不齐(每个基板的偏移方式各不相同)的原因及解决措施

原　因	措　施
未使用 BOC 标记。在这种情况下，各基板的贴片精度有不统一倾向	使用 BOC 标记。在基板上不存在 BOC 标记时，使用模板匹配功能
BOC 标记脏污。在这种情况下，各基板的贴片精度也有不统一倾向	清洁 BOC 标记。另外，采取适当措施以免弄脏 BOC 标记
"基板数据"的"基板厚度"输入错误。在这种情况下，上下方向上出现松动，基板在生产过程中向 X、Y 或 Z 方向移动。另外，贴片元件在 Z 轴下降中途脱落	确认并修正"基板数据"的"基板高度"与"基板厚度"

续表

原　因	措　施
支撑销设置不良。在薄基板或大型基板时易发生贴片偏移	重新设置支撑销。尤其要着重设置贴片精度要求高的元件的支撑销
基准销与基板定位孔之间的间隙大，基板因生产过程中的振动而产生移动	使用与基板定位孔一致的基准销。或者将定位方法改变为"外形基准"
由于支撑台下降速度快，基板夹紧解除时已完成贴片的元件产生移动	在"机器设置"的"设定组"→"基板传送"中，将"下降加速度"设定为"中"或"低"
基板表面平度差	重新考虑基板本身。另外，调整支撑销配置有时也会有一些效果
贴片头部的过滤器或空气软管堵塞。在这种情况下，贴片过程中出现真空破坏时，残余真空压力将元件吸上来	实施"自行校准"的"设定组"→"真空校准"。没有改善时，更换贴片头部的过滤器或空气软管

3. 贴片角度偏移

贴片角度偏移产生的原因及解决措施如表 9-14 所示。

表 9-14　贴片角度偏移产生的原因及解决措施

原　因	措　施
"贴片数据"的贴片角度输入错误	重新输入贴片角度
"元件数据"的"元件供应角度"输入错误。生产中的贴片角度以所供应元件的形态为基准，变为"元件供应角度[元件数据+贴片角度(贴片数据)]"	在"元件数据"的"形态"中重新设定元件供应角度
吸嘴选择错误。在这种情况下，由于吸取不稳定，因此，贴片角度、贴片坐标有不统一倾向	重新选择吸嘴。选择可稳定吸取元件的吸嘴。通常以元件吸取面的面积为基准，从可吸取的吸嘴中选择大吸嘴
在长连接器的情况下，与吸嘴吸取面积相比，转速高。在这种情况下，也是由于吸取不稳定而使贴片角度、贴片坐标有不统一倾向	考虑使用特制吸嘴或在"元件数据"的"扩充"中，将"速度"设定为中速或低速

4. 元件吸取错误

元件吸取错误产生的原因及解决措施如表 9-15 所示。

表 9-15　元件吸取错误产生的原因及解决措施

原　因	措　施
"吸取数据"的吸取坐标(X，Y)设定错误。在托盘元件的情况下，"元件数据"的"元件起始位置、间距"设定变为吸取数据的初始值。因此，应正确输入"元件数据"的"元件起始位置、间距、元件数"	重新设定吸取坐标(X，Y)

续表

原　因	措　施
"吸取数据"的吸取高度(Z)设定错误。在这种情况下,吸嘴够不着元件,或由于压入过大产生反作用力而不能吸取	重新设定吸取高度(Z)
吸嘴选择错误。尤其是元件大、吸嘴小的情况下不能吸取,或者即使吸取,元件也会在中途脱落	重新选择吸嘴。选择可稳定吸取元件的吸嘴。通常以元件吸取面的面积为基准,从可吸取的吸嘴中选择大吸嘴
"元件数据"的"附加信息"的"吸取压入量"设定错误	设定适当的"吸取压入量"
元件表面凹凸不平	在"元件数据"的"扩充"中,将吸取速度(下降、上升)设定为中速或低速
激光器表面脏污	清扫激光器表面
"元件数据"的"传送间距"设定错误	在"元件数据"的"包装形态"中,设定适合的"传送间距"

5. 激光识别(元件识别)错误

激光识别(元件识别)错误产生的原因及解决措施如表 9-16 所示。

表 9-16　激光识别(元件识别)错误产生的原因及解决措施

原　因	措　施
激光器表面脏污	清扫激光器表面
"元件数据"的"激光高度"设定错误	用"元件数据"的"扩充"功能将元件稳定,然后将定心高度重新设定为"激光高度"。激光高度用从吸嘴顶端开始的尺寸(负值)设定激光稳定照射的地点
吸嘴选择错误。在这种情况下,由于吸取不稳定,因此,贴片角度、贴片坐标有不统一倾向	重新选择吸嘴。选择可稳定吸取元件的吸嘴。通常以元件吸取面的面积为基准,从可吸取的吸嘴中选择大吸嘴
激光识别算法设定错误	在"元件数据"的"扩充"中,确认"激光识别算法"
不能进行元件测量	元件的纵横尺寸混淆、激光表面有脏污、吸嘴选择错误
激光器故障	在"手动控制"的"控制"→"贴片头"→"激光控制"中实施边缘检查,水平线在红线以上显示时,应实施细致的清扫

6. 吸嘴装卸错误

吸嘴装卸错误产生的原因及解决措施如表 9-17 所示。

表 9-17　吸嘴装卸错误产生的原因及解决措施

原　因	措　施
激光器表面脏污	清扫激光器表面
ATC 脏污	清扫 ATC。清扫灰尘、油脂等
吸嘴不能可靠地放入 ATC 中	移动滑动板，确认吸嘴可靠地放入 ATC 中
机器设置的"ATC 吸嘴分配"设定错误	重新设定机器设置的"ATC 吸嘴分配"

7. 标记(BOC 标记、IC 标记)识别错误

标记(BOC 标记、IC 标记)识别错误产生的原因及解决措施如表 9-18 所示。

表 9-18　标记(BOC 标记、IC 标记)识别错误产生的原因及解决措施

原　因	措　施
标记的脏污	管理好基板，勿使标记脏污。另外，重新设定标记的吸嘴滤波水平
标记的 X、Y 坐标输入错误	重新设定标记的 X、Y 坐标
标记检测框设定错误。尤其是检测范围很小时，由于基板夹紧时基板位置的偏移，标记容易超出检测范围。另外，标记四周与标记有相同颜色时，应在考虑夹紧时的误差(含基板自身偏移)后，决定检测范围的大小	重新设定标记检测框
标记材质不好	确认标记材质
标记极性设定错误。将白色标记设定为黑色标记，或将黑色标记(陶瓷基板时)设定为白色标记	重新设定极性
OCC 脏污，或者偏光过滤器设定错误	清扫 OCC，或者重新调整偏光过滤器

8. 图像识别错误

图像识别错误产生的原因及解决措施如表 9-19 所示。

表 9-19　图像识别错误产生的原因及解决措施

原　因	措　施
VCS 摄像机脏污	清扫 VCS 摄像机
"图像数据"制作错误。以引脚(球)间距以及引脚(球)数量输入错误而发生的情况居多。引脚间距与引脚数应在可能的范围内输入正确的值。尤其是通用图像元件，应正确地输入元件组第 1 元件之间的尺寸(±0.05mm 以内)	重新检查"图像数据"

续表

原　因	措　施
"元件数据"的"元件供给角度""元件高度"设定错误。尤其是单向或双向引脚元件应按照 JUKI 的基准角度(例如，单向引脚连接器，引脚朝上)设定元件供给角度	重新设定"元件数据"的"元件供给角度""元件高度"
引脚的反射率不当。在这种情况下，由于引脚明亮或过暗而无法识别	从"图像数据"的"控制"→"照明控制数据"中变更照射模式的数值(亮度级别)(引脚暗时增大该值，明亮时降低该值)
VCS 的基准亮度不良	实施"自行校准"的"VCS 2 值化阈值"

9. 贴片机抛料

贴片机抛料产生的原因及解决措施如表 9-20 所示。

表 9-20　贴片机抛料产生的原因及解决措施

原　因	措　施
吸嘴问题，堵塞，破损	清洁，更换 NOZZLE
识别系统问题，有杂物干扰识别，不清洁，还有可能破损	重新检查"图像数据"或清洁 LASER SENSOR/VCS 摄像机
位置问题，取料不在料的正中心，造成偏位，吸料不好，跟对应的数据参数不符而被识别系统当作无效料抛弃	重新设定元件的 PICKUP 坐标
真空问题，气压不足，真空气管通道不顺畅，有异物堵住真空通道，或是真空有泄漏	清洁 NOZZLE、真空发生器、电磁阀、气路等
FEEDER 问题，料带没有卡在 FEEDER 的棘齿轮上，或是位置不对，FEEDER 间距不对	正确安装料带，调节 FEEDER 的间距
程序问题，如参数设置不对、跟实物不符等	重新设置检测元件参数

本 章 小 结

本章首先介绍了表面贴装工艺的目的和基本工艺过程。接着介绍了表面贴装工艺使用的设备——JUKI KE-2060 贴片机，详细阐述了 JUKI KE-2060 贴片机的技术参数以及 JUKI KE-2060 贴片机的结构，并阐述了 JUKI KE-2060 贴片机的操作方法，介绍了 JUKI KE-2060 贴片机的编程方法。最后，分析了表面贴装工艺的常见问题及解决措施。

思考与练习

1. 表面贴装工艺的目的是什么?
2. 写出表面贴装工艺的基本过程。
3. 贴片机的基本结构包含哪些?
4. JUKI KE-2060 的吸嘴有哪几种形状?
5. 画出贴片机的生产流程图。
6. 贴片机生产前预热的目的是什么? 如何进行预热?
7. 什么是贴片机的试打? 什么是贴片机的空打?
8. 什么是单电路板? 什么是矩阵电路板? 什么是非矩阵电路板?
9. JUKI 贴片机的贴片数据的设置都包含哪些内容?
10. JUKI 贴片机的元件数据的设置都包含哪些内容?
11. JUKI 贴片机的吸取数据的设置都包含哪些内容?
12. JUKI 贴片机的图像数据的设置都包含哪些内容?
13. 写出整个基板发生贴片偏移产生的原因及解决措施。
14. 写出仅基板的一部分发生贴片偏移的原因及解决措施。
15. 写出仅特定的元件发生贴片偏移的原因及解决措施。
16. 写出整个基板贴片不齐(每个基板的偏移方式各不相同)产生的原因及解决措施。
17. 写出贴片角度偏移产生的原因及解决措施。
18. 写出元件吸取错误产生的原因及解决措施。
19. 写出激光识别(元件识别)错误产生的原因及解决措施。
20. 写出吸嘴装卸错误产生的原因及解决措施。
21. 写出图像识别错误产生的原因及解决措施。

第 10 章

回流焊接工艺

教学导航

教学目标

- 了解回流焊接工艺的目的。
- 掌握回流焊接工艺的基本过程。
- 学会浩宝 HS-0802 回流焊炉的操作方法。
- 掌握回流焊接工艺的常见问题及解决措施。

知识点

- 回流焊接工艺的目的。
- 回流焊接工艺的基本过程。
- 回流焊接工艺使用的设备。
- 浩宝 HS-0802 回流焊炉的操作方法。
- 浩宝 HS-0802 回流焊炉的参数设定方法。
- 浩宝 HS-0802 回流焊炉的应用实例。
- 回流焊接工艺的常见问题及解决措施。

难点与重点

- 浩宝 HS-0802 回流焊炉的操作方法。
- 浩宝 HS-0802 回流焊炉的参数设定方法。
- 回流焊炉工艺的常见问题及解决措施。

学习方法

- 结合浩宝 HS-0802 回流焊炉学习回流焊接工艺的基本过程。
- 结合浩宝 HS-0802 回流焊炉学习回流焊接的操作方法。
- 通过多操作多练习，掌握回流焊接工艺常见的问题及解决方法。

10.1　回流焊接工艺的目的

回流焊接工艺所采用的回流焊炉处于 SMT 生产线的末端,如图 10-1 所示。使用回流焊接工艺主要有两个方面的目的。

(1) 针对印锡板(工艺路线为:焊锡膏印刷+贴片+回流),目的是加热熔化焊锡膏,将器件的引脚或焊端通过熔融的焊锡膏与 PCB 的焊盘进行焊接,以进行电气连接。

(2) 针对印胶板、点胶板(工艺路线为:SMT 胶印刷、SMT 胶点涂+贴片+回流),目的是加热固化 SMT 胶,将器件体底部通过固化的 SMT 胶与 PCB 向对应的位置进行黏结固定。

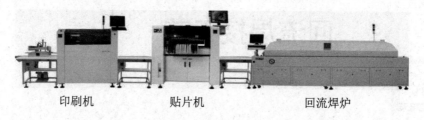

印刷机　　　　　贴片机　　　　　回流焊炉

图 10-1　SMT 生产线

10.2　回流焊接工艺的基本过程

回流焊接工艺的基本过程如图 10-2 所示。

① 基板传送。

② 预热。把 PCB 温度加热到 150℃。

预热阶段的目的是把焊锡膏中较低熔点的溶剂挥发走。预热阶段须把过多的溶剂挥发掉,但是一定要控制升温速率,太高的升温速率会造成元件的热应力冲击,损伤元件或降低元件的性能和寿命。另外,太高的升温速率会造成焊锡膏的塌陷,引起短路的危险,并且太快的升温速率使得溶剂挥发速度过快,容易溅出金属成分,出现锡珠。

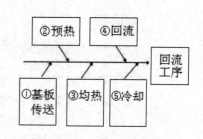

图 10-2　回流焊接工艺的基本过程

③ 均热。把整个板子从 150℃加热到 180℃,使电路板温度变得均匀。时间一般为 70～120s。

保温阶段有 3 个作用:第一个是使整个 PCB 都能达到均匀的温度,减少进入回流区的热应力冲击,以及其他焊接缺陷如元件翘起、某些大体积元件冷焊等;第二个重要作用就是焊锡膏中的助焊剂开始发生活性反应,增大焊件表面润湿性能,使得熔融焊料能够很好地润湿焊件表面;第三个作用就是进一步挥发助焊剂中的溶剂。

④ 回流。把板子加热到熔化区,使焊锡膏熔化,板子达到最高温度,一般为 230～245℃。

⑤ 冷却。温度下降的过程,冷却速率为 3～5℃/s。

冷却阶段的重要性往往被忽视。好的冷却过程对焊接的最后结果也起着关键作用。较快的冷却速度可以细化焊点微观组织,改变 IMC 的形态和分布,提高焊料合金的力学性能。

21世纪高职高专电子信息类实用规划教材

10.3 回流焊接工艺使用的设备

用于回流焊接的设备称为回流焊炉。

目前市场上被广泛采用的回流焊炉品牌有埃莎、浩宝、熊猫精机、日东等，如图 10-3 所示为浩宝 HS-0802 热风无铅回流焊炉。

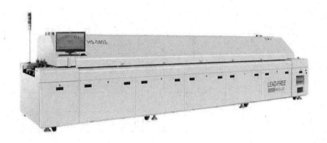

图 10-3 浩宝 HS-0802 热风无铅回流焊炉

10.4 回流焊炉的技术参数

浩宝 HS-0802 无铅焊接热风回流焊炉的技术参数如表 10-1 所示。

表 10-1 技术参数

型 号	HS-0802
加热部分参数	
加热区数量	上 8/下 8
加热区长度	3121mm
冷却区数量	2 个
排 风 量	10m³/min×2 以上
运输部分参数	
PCB 最大宽度	400mm
运输导轨调整范围	50～400mm
运输方向	右→左(左→右可选)
运输导轨固定方式	前端(后端可选)
运输带高度	900±20mm
PCB 运输方式	链传动+网传动(链传动+中央支持可选)
PCB 上元器件高度	PCB 上 25mm、下 25mm
运输带速度	0～2000mm/min
控制部分参数	
总 功 率	64kW
启动功率	23kW

续表

正常工作消耗功率	约 12kW
功率分配	第一和最后两个加热区上下各为 5kW，其余上下各为 3kW
升温时间	约 30min
温度控制范围	室温至 300℃
温度控制方式	PID 全封闭控制，SSR 驱动
温度控制精度	±1℃
PCB 温度分布偏差	±1.5℃
设置参数存储	可存多种设置参数
异常报警	温度异常(恒温后超高温或超低温)
灯塔信号	三灯式：黄-升温；绿-恒温；红-异常
机体参数	
外形尺寸	5310mm×1373mm×1473mm
重 量	Approx.2300kg

10.5 回流焊炉的结构

浩宝 HS-0802 热风回流焊炉系列为全热风强制对流式，主要用于表面贴装基板的整体焊接和固化。采用 PLC 控制，对每个加热区的加热源进行全闭环温度控制。回流焊炉具有自动传送的隧道式结构，由多个预热区、焊接区、冷却区组成。PCB 传动采用平稳的不锈钢网带与链条等速同步传动，采用的链传动可与 SMT 其他设备进行在线连接，具有闭环控制的无级调速功能。浩宝 HS-0802 热风回流焊炉的结构如图 10-4 所示。

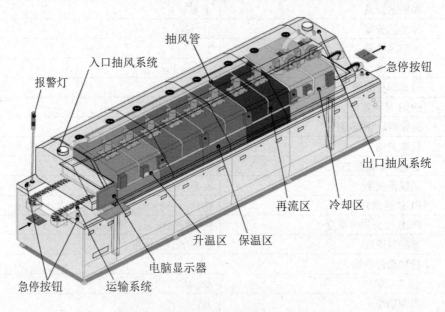

图 10-4 浩宝 HS-0802 热风回流焊炉结构

1. 加热系统

加热系统包括升温区、保温区、再流区。

回流焊炉根据加热方式的不同可以分为热板回流焊炉、红外回流焊炉、热风回流焊炉、红外热风回流焊炉、气相回流焊炉等。目前使用最多的是热风回流焊炉。浩宝 HS 系列无铅焊接热风回流焊炉采用的是热风强制冲击对流循环的加热方式，如图 10-5 所示。

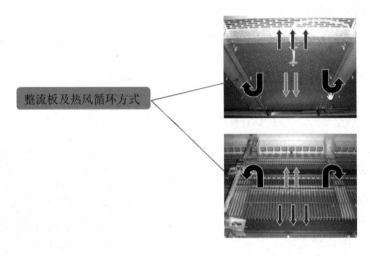

图 10-5　回流焊炉的加热系统

2. PCB 传输系统

PCB 传输系统通常有链传动、网传动、链传动+网传动 3 种。

(1) 链传动的特点。

① 质量轻，表面积小。

② 吸收热量小，因此不需要轨道加热装置。

③ 链条在炉子两端的转弯角度大，能避免出现链条卡死故障。

(2) 网传动的特点。

① 网带式传送可任意放置印制电路板，适用于单面板的焊接。

② 它克服了印制板受热可能引起凹陷的缺陷，但对双面板焊接以及焊接时选择底部中央支撑系统，网带就不可使用了。

③ 氮气炉一般不建议使用网带式传输系统。

链条/网带式传送具有很强的适应性，但价格相对较高。

浩宝 HS 系列无铅焊接热风回流焊炉采用链传动+网传动，如图 10-6 所示。

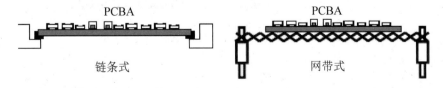

图 10-6　浩宝 HS 系列的 PCB 传输系统

3. 冷却系统

(1) 本设备采用水冷方式，水冷方式可以提供较快的冷却速度，其优点如下。

① 细化焊点微观组织。

② 改变金属间化合物的形态和分布。

③ 提高焊料合金的力学性能。

④ 有助于助焊剂废弃回收。

(2) 废气(助焊剂挥发物)处理的目的主要有以下 4 点。

① 环保要求，不能让助焊剂挥发物直接排放到空气中。

② 废气在炉中的凝固沉淀会影响热风流动，降低对流效率。

③ 无铅焊锡膏中助焊剂量比较多，因此更加需要回收。

④ 如果选择氮气炉，为了节省氮气，要循环使用氮气，所以要配置助焊剂废气回收系统。

4. 抽风系统

抽风系统包括入口抽风系统和出口抽风系统，如图 10-7 所示。抽风系统的作用如下。

(1) 保证助焊剂排放良好。

(2) 保证工作环境的空气清洁。

图 10-7　抽风系统

5. 电器控制系统

电器控制系统如图 10-8 所示。控制系统的作用如下。

(1) 使回流焊炉的性能稳定可靠，重复精度高。

(2) 控制链条及网带速度，使速度精确可靠。

(3) 控制热风马达，使各功能风温能更加灵活控制。

(4) 检测每个温区温度，超高温保护，自动切断加热电源。

图 10-8　电器控制系统

6. 软件系统

软件系统包括电脑显示器、鼠标、键盘等部件，主要用于各参数的设定以及设备运行状态的监视。

21世纪高职高专电子信息类实用规划教材

10.6　浩宝 HS-0802 回流焊炉的操作方法

浩宝 HS-0802 无铅焊接热风回流焊炉的基本操作流程如图 10-9 所示。

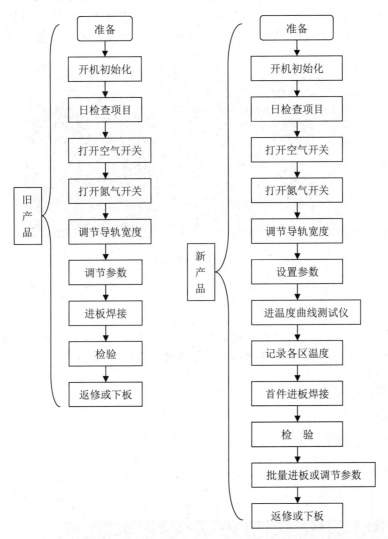

图 10-9　浩宝 HS-0802 无铅焊接热风回流焊炉的基本操作流程

1. 回流焊炉的主操作面板

浩宝 HS-0802 回流焊炉的操作面板如图 10-10 所示。

(1) WIDTH ADJUST(导轨宽窄调节)。左边为不自锁开关，旋向 NARROW 并保持为调窄，旋向 WIDE 并保持为调宽，常态为 OFF。

注意： 在调节开始时，可采用较快的速度，当导轨宽度接近 PCB 宽度时，尽量采用较低的速度进行精确调节。

(2) OPEN(上炉体开启)。开关为不自锁开关，旋向 OPEN 并保持为开启，旋向 CLOSE 并保持为关闭，常态为 OFF。

注意： 在开启或关闭上炉体时，必须保证上下炉体之间无人体接触，防止压伤或烫伤人体。

(3) POWER (电源开关)。开关为自锁开关，旋向 ON 为开启，旋向 OFF 为关闭。

(4) START (启动按钮)。按钮为带灯不自锁按钮，每次开机均需要按一次，灯亮表示已启动。

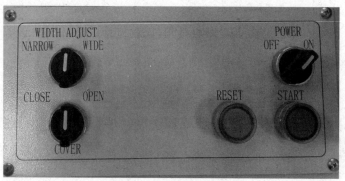

图 10-10　操作面板

(5) RESET(复位按钮)。按钮为带灯不自锁按钮，机器出现故障报警时，按下以复位故障。

注意： 导轨宽窄调节与上炉开启均设有极限保护开关，在极限位置只有反向动作有效；操作时须注意安全，如有异常可及时松开或按下紧急按钮停止运行。

2. 回流焊炉系统操作界面

1) 系统的工具栏

系统的工具栏如图 10-11 所示。

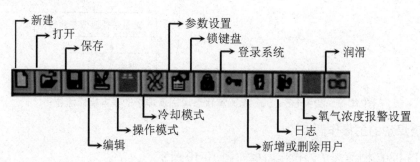

图 10-11　系统的工具栏

2) 系统的菜单栏

系统的菜单栏如图 10-12 所示。

21世纪高职高专电子信息类实用规划教材

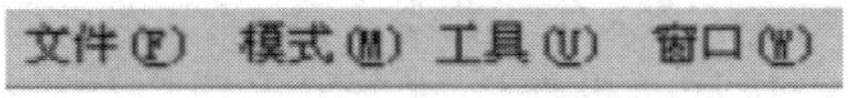

图 10-12　系统的菜单栏

分别单击"文件""模式""工具""窗口"命令，将会出现如图 10-13 所示的菜单。

图 10-13　系统的菜单栏各子菜单

3) 操作界面中常用命令操作说明

(1) "新建"命令。新建一个文件。

(2) "打开"命令。打开已经存在的文件。

(3) "保存"命令。保存刚刚编辑过的文件。

(4) "编辑"命令。单击菜单栏或工具栏中的"编辑"命令，将会弹出如图 10-14 所示的对话框，具体操作方式参考"编辑模式"命令介绍。

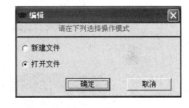

图 10-14　"编辑"对话框

(5) "操作"命令。此操作仅在系统处于冷却状态或编辑状态时有效，系统将会弹出如图 10-15 所示的对话框。(注意：若要在操作状态下更改参数文件进行控制，请先选择"打开文件"。)

单击"是"按钮，系统将显示如图 10-16 所示的对话框。选择处方文件后单击"确定"按钮，系统将重新加载参数文件。

(6) "冷却"命令。此操作仅在系统处于操作状态或编辑状态时有效。系统在严重报警时会自动进入冷却状态，避免机器过热损坏。选择此命令时，将会出现如图 10-17 所示的对话框，单击"是"按钮后系统将加载默认的冷却处方文件进行冷却处理。

图 10-15　浩宝 HS Series 对话框

(7) "报警"命令。在"报警"窗口，有"响应报警""响应所有报警""解除报警"3 个命令。

① "响应报警"命令。此命令仅在"日志"窗口有效，用于选取待解除的报警项。单击待解除的报警项左方框，系统将屏蔽蜂鸣器，只有三色灯在显示。

② "响应所有报警"命令。此命令仅在"报警"窗口有效，用于响应所有报警项，此时系统将屏蔽蜂鸣器，只有三色灯在显示。

③ "解除报警"命令。此命令仅在"报警"窗口有效，用于解除已响应的各报警项。确定各项报警情况已排除后，选择"操作"命令可重新启动机器。

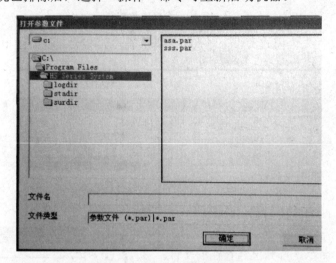

图 10-16　打开参数文件

图 10-17　进入冷却状态时的提示框

3. 浩宝 HS-0802 回流焊炉的操作方法

浩宝 HS-0802 回流焊炉的操作流程如图 10-18 所示。

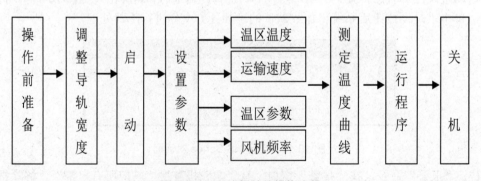

图 10-18　回流焊炉的操作流程

1) 操作前准备

(1) 检查电源供给是否为指定额定电压、额定电流的三相四线制电源。

(2) 检查主要电源是否接到机器上。

(3) 检查设备是否良好接地。

(4) 检查热风马达是否松动。

(5) 检查传送网带是否在运输搬运中脱轨。

(6) 检查各滚筒轴承座的润滑情况。

(7) 检查位于出入口端部的紧急开关是否弹起。

(8) 检查 UPS 是否正常工作。

(9) 保证回流焊机的入口、出口处的排气通道与工厂的通风道用波纹柔性管连接好。

(10) 检查电控箱内各接线插座是否插接良好。

(11) 保证运输链条没有从炉膛内的导轨槽中脱落。

(12) 须检查运输链条传动是否正常，保证其无挤压、受卡现象，保证链条与各链轮啮合良好，无脱落现象。

(13) 保证机器前部的调宽链条与各链轮啮合良好，无脱落现象。

(14) 保证计算机、电控箱的连接电缆与两头插座连接正确。

(15) 保证计算机、电控箱内的元器件、接插件接触良好，无松动现象。

(16) 检查面板电源开关是否处于 OFF 状态。

(17) 保证计算机内的支持文件齐全。

(18) 检查机器各部件，确保无其他异物。

2) 启动

先检查并保证两端紧急制动为弹起状态，打开"电源开关"，计算机直接启动至 Windows 操作界面。硬件启动：按"启动"按钮启动机器(注意：使用这种方式启动后，则一键启动与设备正常运行有关项目)；软件启动：双击桌面的 HS Series 图标，进入"操作模式"，依次单击控制界面左下角"启动""运输""风机""加热""制冷""加热区-下层风机"按钮，如图 10-19 所示。

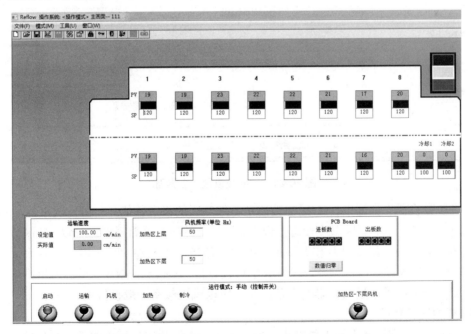

图 10-19　设备控制软件 Reflow 启动后的工作界面

3) 设置回流焊炉参数

点击"参数设置"图标，在弹出的如图 10-20 所示的对话框中选择所需操作模式：

(1) 新建文件。在"文件名"文本框中输入新文件名后单击"确定"按钮，就新建成一个含默认参数值的参数文件，然后系统进入控制主界面。

(2) 打开文件。在"文件列表"中选择一个文件后，单击"确定"按钮，系统将弹出"参数设置"对话框，如图 10-21 所示。

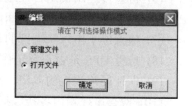

图 10-20　选择操作模式

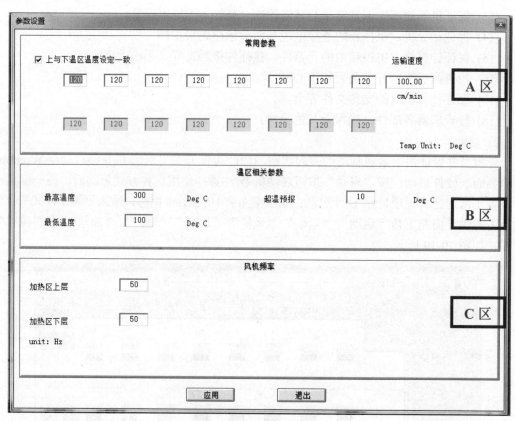

图 10-21　"参数设置"主界面

在"参数设置"界面中，A 区的数值是各加热区的设定数值。一般情况下，A 区设定参数时应勾选"上与下温区温度设定一致"复选框，使各温区温度设定一致。B 区数值为设置可加热最低和最高温度以及超温预报温度。一般情况下，超温预报温度不宜太大，设置为 2℃即可。C 区设置风机频率。风机频率可设置范围为 25～50Hz，虽然风机频率越高，效率越高，但风机频率过高易影响设备寿命，所以风机频率一般设置为 35Hz。

4) 开始运行程序

(1) 选择"操作模式"的工作方式，当加载系统文件和用户所选的已有文件后，进入操作状态的主界面，如图 10-22 所示。

(2) 按下设备控制面板上的 START 按钮或依次单击如图 10-22 所示控制主界面下方的"启动""运输""风机""加热""制冷""加热区-下层风机"按钮，机器就会启动加热及运输系统并按加热顺序进行第一次加热。界面加热区中，PV 一栏显示温度为当前系统实际温度，SP 一栏显示温度为当前系统设定温度。

(3) 如在操作状态时进行冷却操作，则选择菜单栏"模式"命令下的"冷却"命令，系统将会自动冷却 10 分钟再关闭机器的运转。

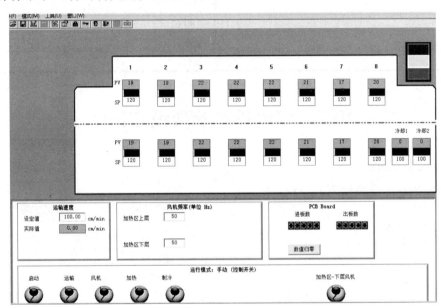

图 10-22　待启动工作界面

5) 关机步骤

为避免风道及传输部件过热变形，本机设置为退出操作系统时将会自动进入冷却操作模式，关闭加热，热风马达继续工作，系统冷却 10 分钟后，热风马达将关闭，控制系统自动关闭退到操作系统桌面。关闭操作系统，将电源开关置于 OFF 状态。

用户可间隔 1 个月或若干月将软件安装目录中的 logdir 文件夹中以前的日志文件删除。

6) 操作注意事项

(1) HS 系列全热风回流焊机有两个抽风口，直径均为 150mm，通常情况下排气量应为 10m³/min×2 以上。在实际生产中，必须将两个抽风口与工厂的主通风道连接；否则，将可能由于风速不稳定而造成焊接温度不稳定。为了便于定期维护，排气通道必须与通风道进行镶嵌式活动连接。

(2) UPS 应处于常开状态。当遇到断电时，机器会自动接通内置的 UPS，运输系统的传送电机会继续运转，将工件从炉腔内运出，免受损失。

(3) 若遇紧急情况，可以按机器两端的"紧急制"。

(4) 控制计算机禁止用做其他用途。

(5) 测温插座、插头均不能长时间处于高温状态，所以每次测完温度后，务必迅速将测温线从炉中抽出以避免高温变形。

(6) 在程序安装完毕后，对所有的支持文件不要随意删改，以防程序运行出现不必要的故障。

(7) 各加热区温度设定参考如表 10-2 所示。

表 10-2　各加热区温度设定参考

NS-800	设定温度
温区 1	180～200℃
温区 2～6	150～180℃
温区 7	200～250℃
温区 8	250～300℃

10.7　回流焊炉参数设定指南

1. 常见温度曲线

常见回流温度曲线如图 10-23 所示。

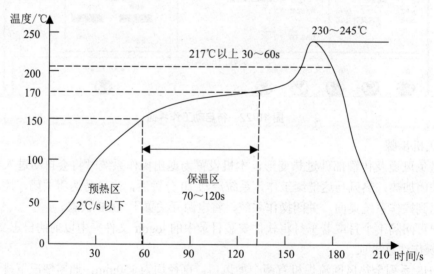

图 10-23　无铅合金 SnAgCu 常规温度曲线

2. 温度曲线说明

(1) 回流。

① 预热区：150±10℃，保持 60～90s，升温速率小于 2℃/s。

② 保温区：170℃，保持 70～120s。

③ 回流区：230～245℃，液相线以上时间一般是 30～60s。

④ 冷却区：冷却速率为 3～5℃/s。

(2) 固化：150℃以上保持 60～90s。

3. 速度设定

(1) 回流速度初始设定：速度 1.0m/min。

(2) 固化速度初始设定：速度 1.0m/min。

4. 说明

(1) PCB 厚度不同时，调整的温度会有所不同，一般是温差×PCB 的厚度/0.8。

(2) 实际的 PCB 不同，元器件数量、大小不同，温度设置都会不同，可根据不同的情况，以温度曲线与实际效果相结合的方式，灵活调整温度的设定。

10.8　回流焊炉的应用实例

实训所加工的目标 PCB 板如图 10-24 所示，在贴片完成之后，我们采用以下步骤操作浩宝 HS-0802 热风回流焊炉。

图 10-24　TY-58A 贴片型插卡音箱 PCB

1. 焊接前的准备

(1) 焊接前，要检查电源开关和 UPS 电源开关是否处在关闭位置。

(2) 熟悉产品的工艺要求。

(3) 根据选用焊锡膏与表面组装板的厚度、尺寸、组装密度、元器件等具体情况，结合焊接理论，设置合理的回流焊温度曲线。

2. 利用回流焊炉进行焊接的具体操作步骤

(1) 检查抽风口的连接情况。

(2) 调整导轨宽度。调节时，刚开始可采用较快的速度；当导轨宽度接近 PCB 宽度时，尽量采用较低的速度进行精确调节。

(3) 运输速度的调整，根据焊锡膏的时间参数和炉长调整速度，这里设置为 80cm/min。

(4) 设置各温区的温度，如表 10-3 所示。

表 10-3　回流焊炉温度的设定

	温区 1	温区 2	温区 3	温区 4	温区 5	温区 6	温区 7	温区 8
上温区	130	150	170	190	200	220	240	245
下温区	130	150	170	190	200	220	240	245

(5) 温区相关参数设定，一般为出厂设置，初学者不要改动。

(6) 风机频率设定。用户可设定各风机变频器的频率，选项为 25～50Hz。若产品 PCB 较薄、较轻、元件较少，频率应小一些，可设为 35Hz；若元件较大，冷却区频率可设定为 40Hz。

(7) KIC 测温。

(8) 如果所需的参数设置合适，则保存此处方文件。

(9) 选择操作模式的工作方式，按控制面板上的 START 按钮或单击主界面上的"启动"按钮，机器启动加热。

(10) 产品生产。

(11) 产品生产结束。

(12) 确定炉内无 PCB。

(13) 关机。

10.9 回流焊接工艺的常见问题及解决措施

1. SMA 焊接后 PCB 基板上起泡

SMA 焊接后 PCB 基板上起泡的原因及解决措施如表 10-4 所示。

表 10-4 SMA 焊接后 PCB 基板上起泡的原因及解决措施

	原　因	措　施
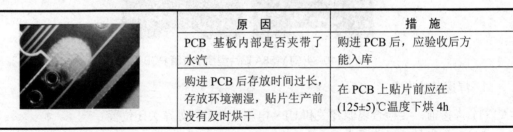	PCB 基板内部是否夹带了水汽	购进 PCB 后，应验收后方能入库
	购进 PCB 后存放时间过长，存放环境潮湿，贴片生产前没有及时烘干	在 PCB 上贴片前应在 (125±5)℃温度下烘 4h

2. 冷焊

冷焊是焊点未形成合金属(Intermetallic Layer)或是焊接物连接点阻抗较高，焊接物间的剥离强度(Peel Strength)太低，所以容易将零件脚由锡垫拉起。冷焊产生的原因及解决措施如表 10-5 所示。

表 10-5 冷焊产生的原因及解决措施

	原　因	措　施
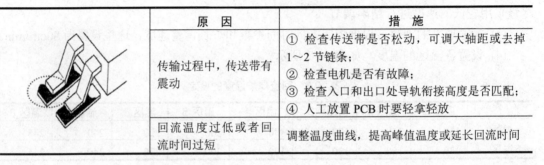	传输过程中，传送带有震动	① 检查传送带是否松动，可调大轴距或去掉 1～2 节链条； ② 检查电机是否有故障； ③ 检查入口和出口处导轨衔接高度是否匹配； ④ 人工放置 PCB 时要轻拿轻放
	回流温度过低或者回流时间过短	调整温度曲线，提高峰值温度或延长回流时间

3. 立碑和移位

立碑是指表面组装组件经过回流焊后其中一个端头离开焊盘；移位是指元器件焊端引脚离开焊盘的错位现象。立碑和移位产生的原因及解决措施如表 10-6 所示。

表 10-6　立碑和移位产生的原因及解决措施

	原　因	措　施
立碑	PCB 设计——两个焊盘尺寸大小不对称，焊盘间距过大或过小，使元件的一个端头不能接触焊盘	按照 CHIP 元器件的焊盘设计原理进行设计，注意焊盘的对称性、焊盘间距
	贴片质量——位置偏移；元器件厚度设置不正确；贴片头 Z 轴高度过高(贴片压力小)，贴片时元器件从高处扔下造成	① 提高贴装精度，精确调整首件贴装精度； ② 连续生产过程中发现位置偏移时应及时矫正贴装坐标； ③ 设置正确的元器件厚度和贴装高度
移位	元件质量——焊端氧化或被污染，或者端头电极附着力不强。焊接时元件端头不润湿或端头电极脱落	① 严格执行来料检验制度； ② 严格进行首件焊接检验； ③ 每次更换元器件后也要检验，发现元器件有问题应及时更换元器件
	PCB 质量——焊盘被污染(有丝网、字符、阻焊膜或氧化等)	严格执行来料检验制度，对已经加工好的 PCB 焊盘上的丝网、字符可用小刀轻轻刮掉
	印刷工艺——两个焊盘的焊锡膏量不一致	① 清除模板漏孔中的焊锡膏，印刷时经常擦拭模板底面； ② 如果开口过小，应扩大开口尺寸
	传送带震动从而造成元器件位置移动	① 传送带太松，可去掉 1~2 节链条； ② 检验 PCB 入口和出口处导轨衔接高度和距离是否匹配； ③ 人工放置 PCB 要轻拿轻放
	风量过大	调整风量

4. 焊锡膏熔化不完全

焊锡膏熔化不完全是指全部或局部焊点周围有未熔化的残留焊锡膏。焊锡膏熔化不完全产生的原因及解决措施如表 10-7 所示。

5. 润湿不良

润湿不良又称不润湿或半润湿，是指元器件焊端、引脚或印制板焊盘不粘锡或局部不粘锡。润湿不良产生的原因及解决措施如表 10-8 所示。

6. 焊料量不足

焊料量不足是指焊点高度达不到规定的要求，会影响焊点的机械强度和电器连接的可靠性，严重时会造成虚焊或断路。焊料量不足产生的原因及解决措施如表 10-9 所示。

表 10-7　焊锡膏熔化不完全产生的原因及解决措施

原　因	措　施
温度低——回流焊峰值温度低或回流时间短,造成焊锡膏熔化不充分	调整温度曲线,峰值温度一般定在比焊锡膏熔点高 30～40℃,回流时间为 30～60s
回流焊炉——横向温度不均匀。一般发生在炉体较窄、保温不良的设备中	适当提高峰值温度或延长再流时间。尽量将 PCB 放置在炉子中间部位进行焊接
PCB 设计——当焊锡膏熔化不完全发生在大焊点、大元件以及大元件周围,或印制板背面有大器件	尽量将大元器件排布在 PCB 的同一面,确实排布不开时,应交错排布,适当提高峰值温度或延长回流时间
红外炉——深颜色吸热多	为了使深颜色周围的焊点和大体积元器件达到焊接温度,必须提高焊接温度
焊锡膏质量问题——金属粉含氧量大、助焊性能差;或焊锡膏使用不当	不使用劣质焊锡膏;制定焊锡膏使用管理制度

表 10-8　润湿不良产生的原因及解决措施

原　因	措　施
元器件焊端、引脚、印制电路基板的焊盘是否被氧化或污染,或者印制板是否受潮	元器件先到先用,不要存放在潮湿环境中,不要超过规定的使用日期。对印制板进行清洗和去潮处理
焊锡膏中金属粉末含氧量过高	选择满足要求的焊锡膏
焊锡膏是否受潮,或者使用了回收焊锡膏,或者使用了过期失效焊锡膏	回到室温后使用焊锡膏;制定焊锡膏使用条例

7. 焊锡裂纹

焊锡裂纹产生的原因及解决措施如表 10-10 所示。

8. 锡丝

锡丝是指元器件焊端之间、引脚之间、焊端或引脚与通孔之间的微细锡丝。锡丝产生的原因及解决措施如表 10-11 所示。

9. 焊点桥连或短路

桥连又称连桥。元器件端头之间、元器件相邻的焊点之间以及焊点与邻近的导线、过孔等电气上不该连接的部位被焊锡连接在一起。焊点桥连或短路产生的原因及解决措施如表 10-12 所示。

表 10-9　焊料量不足产生的原因及解决措施

原　因	措　施
整体焊料量过少的原因：①模板厚度或开口尺寸不够、开口四壁有毛刺、开口处喇叭口向上、脱模时带出焊锡膏；②焊锡膏滚动性差；③刮刀压力过大，尤其橡胶刮刀过软，切入开口会带出焊锡膏；④印刷速度过快	①加工合格的模板，模板喇叭口向下，增加模板厚度或扩大开口尺寸；②更换焊锡膏；③采用不锈钢刮刀；④调整印刷压力和速度
个别焊盘上焊料量过少或没有焊料的原因：①模板开口被焊锡膏堵塞或个别开口尺寸小；②PCB 上导通孔设计在焊盘上，导致焊料从孔中流出	①清除模板漏孔中的焊锡膏，印刷时经常擦洗模板底面，如开口尺寸小，应扩大开口尺寸；②修改焊盘设计
器件引脚共面性差，翘起的引脚不能与相对应的焊盘接触，造成部分引脚虚焊	运输和传递 SOP 和 QFP 时不要破坏外包装，人工贴装时不要碰伤引脚
PCB 变形，使大尺寸 SMD 器件引脚不能完全与焊锡膏接触，造成部分引脚虚焊	①PCB 设计要考虑长、宽和厚度的比例；②大尺寸 PCB 回流焊时应采用底部支撑

表 10-10　焊锡裂纹产生的原因及解决措施

原　因	措　施
峰值温度过高，焊点突然冷却，由于激冷造成热应力过大，在焊料与焊盘或元件焊端交接处容易产生裂纹	调整温度曲线，冷却速率小于 4℃/s

表 10-11　锡丝产生的原因及解决措施

原　因	措　施
如果发生在 CHIP 元器件体底下，可能由于焊盘的间距过小，贴片后两个焊盘上的焊锡膏粘连	扩大焊盘间距
预热温度不足，PCB 和元器件温度比较低，突然进入高温区，溅出的焊料贴在 PCB 表面而形成	调整温度曲线，提高预热温度
焊锡膏中助焊剂的润湿性差	可适当提高一些峰值温度或加长回流时间，或更换焊锡膏

10. 焊锡球

焊锡球又称焊料球、焊锡珠，是指散布在焊盘附近的微小形状焊料。焊锡球产生的原因及解决措施如表 10-13 所示。

表 10-12　焊点桥连或短路产生的原因及解决措施

原　因	措　施
可能由于模板厚度与开口尺寸不恰当；模板与印制板表面不平行或有间隙	减小模板厚度或缩小开口，或改变开口形状；调整模板与印制板表面之间的距离，使接触并平行
由于焊锡膏黏度过低，触变性不好，印刷后塌边，焊锡膏图形粘连	选择黏度适当、触变性好的焊锡膏
印刷质量不好，焊锡膏图形粘连	提高印刷精度并经常清洗模板
贴片位置偏移	提高贴片精度
贴片压力过大，使焊锡膏挤出量过多，导致图形粘连	提高贴片头 Z 轴高度，减小贴片压力
由于贴片位置偏移，人工拨正后使焊锡膏图形粘连	提高贴装精度，减少人工拨正的频率
焊盘间距过窄	修正焊盘设计

表 10-13　焊锡球产生的原因及解决措施

原　因	措　施
焊锡膏本身质量问题——微粉含量高；黏度过低；触变性不好	控制焊锡膏质量，小于 20μm 微粉粒应少于 10%
元器件焊端和引脚、印制电路基板的焊盘氧化和污染，或印制板受潮	严格执行来料检验，如印制板受潮或污染，贴装前应清洗并烘干
焊锡膏使用不当	按规定要求执行
温度曲线设置不当——升温速度过快，金属粉末随溶剂蒸汽飞溅形成焊锡球；预热区温度过低，突然进入焊接区，也容易产生焊锡球	温度曲线和焊锡膏的升温斜率峰值温度应保持一致。160℃的升温速度控制在 1～2℃/s
焊锡膏量过多，贴装时焊锡膏挤出量多；模板厚度开口大；模板与 PCB 不平行或有间隙	①加工合格模板；②调整模板与印制板表面之间的距离，使其接触并平行
刮刀压力过大，造成焊锡膏图形粘连；模板底部污染，粘污焊盘以外的地方	严格控制印刷工艺，保证印刷的质量
贴片的压力大，焊锡膏挤出量过多，使图形粘连	提高贴片头 Z 轴的高度，减小贴片压力

11. 气孔

气孔是指分布在焊点表面或内部的气孔、针孔，或称空洞。气孔产生的原因及解决措施如表 10-14 所示。

表 10-14　气孔产生的原因及解决措施

原　因	措　施
焊锡膏中金属粉末的含氧量高，或使用回收焊锡膏、工艺环境卫生差、混入杂质	控制焊锡膏的质量，制定焊锡膏的使用条例
焊锡膏受潮，吸收了空气中的水汽	达到室温后才能打开焊锡膏的容器盖，控制环境温度在 20～26℃、相对湿度在 40%～70%
元器件焊端、引脚、印制基板的焊盘氧化或污染，或印制板受潮	元器件先到先用，不要存放在潮湿环境中，不要超过规定的使用日期
升温区的升温速度过快，焊锡膏中的溶剂、气体蒸发不完全，进入焊接区产生气泡、针孔	160℃前的升温速度控制在 1～2℃/s

12. 元件裂纹缺损

元件裂纹缺损是指元件体或端头有不同程度的裂纹或缺损现象。元件裂纹缺损产生的原因及解决措施如表 10-15 所示。

表 10-15　元件裂纹缺损产生的原因及解决措施

原　因	措　施
元件本身的质量	制定元器件入厂检验制度，更换元器件
贴片压力过大	提高 Z 轴高度，减小贴片压力
回流焊的预热温度或时间不够，突然进入高温区，由于激热造成热应力过大	调整温度曲线或延长预热时间
峰值温度过高，焊点突然冷却，由于激冷造成热应力过大	调整温度曲线，冷却速率应小于 4℃/s

本 章 小 结

本章首先介绍了回流焊接工艺的目的和基本工艺过程。接着介绍了回流焊接工艺使用的设备——浩宝 HS-0802 热风无铅回流焊炉，详细阐述了浩宝 HS-0802 热风无铅回流焊炉的技术参数及结构，并阐述了浩宝 HS-0802 热风无铅回流焊炉的操作方法，给出了回流焊炉参数设定的方法。最后，分析了回流焊接工艺的常见问题及解决措施。

思考与练习

1. 回流焊接工艺的目的是什么？
2. 写出回流焊接工艺的基本过程。
3. 回流焊炉的基本结构包括哪些？
4. 回流焊炉 PCB 传输系统有哪几种形式？各有什么特点？
5. 回流焊炉冷却系统有哪几种形式？各自有什么特点？
6. 画出回流焊炉生产新产品的基本操作流程。
7. 回流焊炉操作前需要做哪些准备工作？
8. 画出无铅合金 SnAgCu 常规温度曲线。
9. 写出 SMA 焊接后 PCB 基板上起泡产生的原因及解决措施。
10. 写出立碑和移位产生的原因及解决措施。
11. 写出焊锡膏熔化不完全产生的原因及解决措施。
12. 写出润湿不良产生的原因及解决措施。
13. 写出焊料量不足产生的原因及解决措施。
14. 写出焊锡裂纹产生的原因及解决措施。
15. 写出锡丝产生的原因及解决措施。
16. 写出焊点桥接或短路产生的原因及解决措施。
17. 写出焊锡球产生的原因及解决措施。
18. 写出气孔产生的原因及解决措施。

21世纪高职高专电子信息类实用规划教材

第 11 章

表面组装检测工艺

教学目标

- 了解表面组装检测工艺的目的。
- 掌握表面组装检测工艺使用的设备。
- 掌握表面组装检测标准。

知识点

- 表面组装检测工艺的目的。
- 表面组装检测工艺使用的设备。
- 表面组装检测标准。

难点与重点

- 表面组装检测设备的应用策略。
- 表面组装检测标准。

学习方法

- 多观看相关检测设备的视频，掌握表面组装检测设备的工作原理。
- 多阅读 IPC-610-D(电子组件可接受性检验标准)，学习电子组装件的验收条件。

11.1　表面组装检测工艺的目的

表面组装检测工艺是对前加工工序质量进行检验的工序。工艺测试主要包括 AOI、AXI、ICT 等测试环节,它们的应用能及时地将缺陷信息传达到前工序。而在前一道工序中对产生这些缺陷的信息进行分析,及时调整工艺或设备参数,这样就能够降低再次产生相同缺陷的概率,从而减少生产成本。

11.2　表面组装检测工艺使用的设备

1. MVI(人工目测)检测器

(1) MVI 借助的辅助工具。MVI 借助的辅助工具有放大镜、显微镜、金属针、竹制牙签、防静电镊子等。

(2) MVI 能够检测的缺陷。MVI 能够检测的缺陷主要有焊接后组件的错焊、漏焊、虚焊、桥连等焊接缺陷(BGA、CSP 等焊点除外)。

2. AOI 检测仪

AOI 的设备外观如图 11-1 所示。

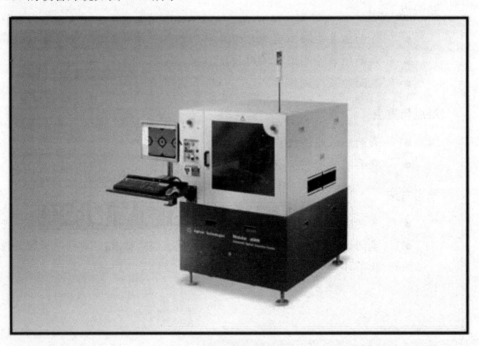

图 11-1　AOI 检测仪

(1) AOI 使用的场合：①印刷后检测；②贴片后检测；③焊接后检测。

(2) AOI 能够检测的缺陷主要有以下 3 点。

① 印刷后检测：桥连、坍塌、焊锡膏过多、焊锡膏过少、无焊锡膏等。

② 贴片后检测：元器件漏贴、元器件极性贴反、偏移、侧立等。

③ 焊接后检测：桥连、立碑、错位、焊点过大、焊点过小等。

3. X-RAY 检测仪

X-RAY 检测仪的外观如图 11-2 所示。

(1) X-RAY 检测仪使用的场合：能检测到电路板上所有的焊点，包括用肉眼看不到的焊点，例如 BGA。

(2) X-RAY 检测仪能够检测的缺陷：焊接后的桥连、空洞、焊点过大、焊点过小等。

4. ICT 检测仪

ICT 检测仪的外观如图 11-3 所示。

图 11-2　X-RAY 检测仪

图 11-3　ICT 检测仪

(1) ICT 检测仪使用的场合：其面向生产工艺控制，可以测量电阻、电容、电感、集成电路。它对于检测开路、短路、元器件损坏等特别有效，故障定位准确，维修方便。

(2) ICT 检测仪能够检测的缺陷：可测试焊接后的虚焊、开路、短路、元器件失效、用错料等问题。

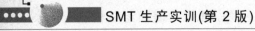
11.3 表面组装检测标准

1. 零件组装标准——芯片状零件的对准度(组件 X 方向)(见表 11-1)

表 11-1 芯片状零件 X 方向的对准度标准

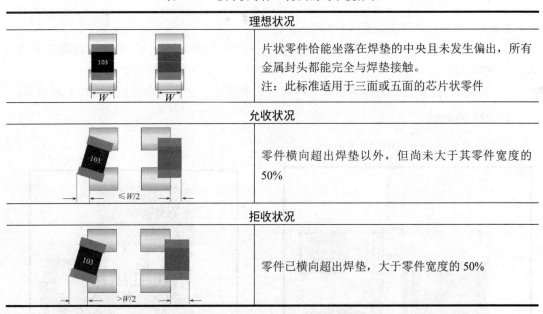

理想状况	
	片状零件恰能坐落在焊垫的中央且未发生偏出,所有金属封头都能完全与焊垫接触。 注:此标准适用于三面或五面的芯片状零件
允收状况	
	零件横向超出焊垫以外,但尚未大于其零件宽度的 50%
拒收状况	
	零件已横向超出焊垫,大于零件宽度的 50%

2. 零件组装标准——芯片状零件的对准度(组件 Y 方向)(见表 11-2)

表 11-2 芯片状零件 Y 方向的对准度标准

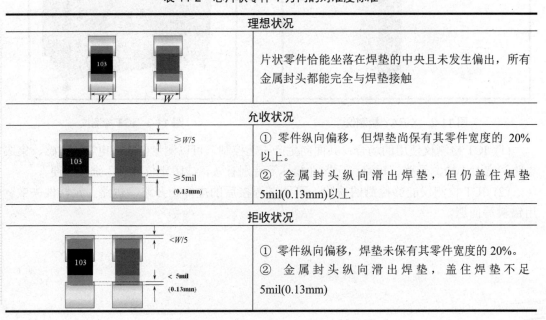

理想状况	
	片状零件恰能坐落在焊垫的中央且未发生偏出,所有金属封头都能完全与焊垫接触
允收状况	
	① 零件纵向偏移,但焊垫尚保有其零件宽度的 20% 以上。 ② 金属封头纵向滑出焊垫,但仍盖住焊垫 5mil(0.13mm)以上
拒收状况	
	① 零件纵向偏移,焊垫未保有其零件宽度的 20%。 ② 金属封头纵向滑出焊垫,盖住焊垫不足 5mil(0.13mm)

21世纪高职高专电子信息类实用规划教材

3. 零件组装标准——圆筒形零件的对准度(见表 11-3)

表 11-3　圆筒形零件的对准度标准

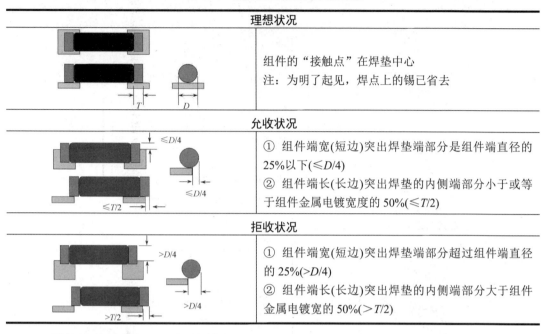

理想状况	
	组件的"接触点"在焊垫中心 注：为明了起见，焊点上的锡已省去
允收状况	
	① 组件端宽(短边)突出焊垫端部分是组件端直径的25%以下($\leqslant D/4$) ② 组件端长(长边)突出焊垫的内侧端部分小于或等于组件金属电镀宽度的50%($\leqslant T/2$)
拒收状况	
	① 组件端宽(短边)突出焊垫端部分超过组件端直径的25%($>D/4$) ② 组件端长(长边)突出焊垫的内侧端部分大于组件金属电镀宽的50%($>T/2$)

4. 零件组装标准——QFP 零件脚面的对准度(见表 11-4)

表 11-4　QFP 零件脚面的对准度标准

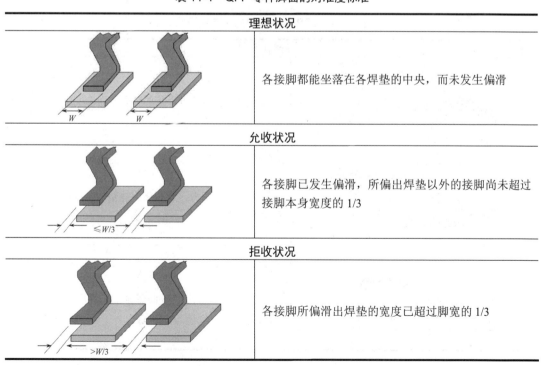

理想状况	
	各接脚都能坐落在各焊垫的中央，而未发生偏滑
允收状况	
	各接脚已发生偏滑，所偏出焊垫以外的接脚尚未超过接脚本身宽度的 1/3
拒收状况	
	各接脚所偏滑出焊垫的宽度已超过脚宽的 1/3

21世纪高职高专电子信息类实用规划教材

5. 零件组装标准——QFP 零件脚趾的对准度(见表 11-5)

表 11-5 QFP 零件脚趾的对准度标准

理想状况	
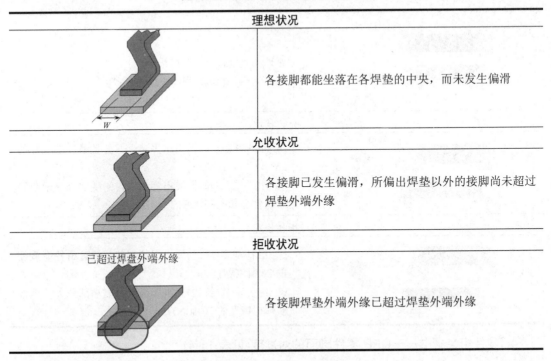	各接脚都能坐落在各焊垫的中央,而未发生偏滑
允收状况	
	各接脚已发生偏滑,所偏出焊垫以外的接脚尚未超过焊垫外端外缘
拒收状况	
已超过焊盘外端外缘	各接脚焊垫外端外缘已超过焊垫外端外缘

6. 零件组装标准——QFP 零件脚跟的对准度(见表 11-6)

表 11-6 QFP 零件脚跟的对准度标准

理想状况	
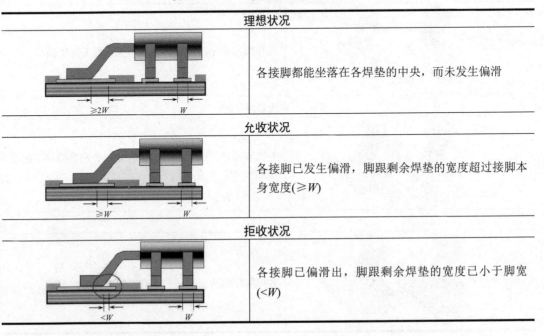	各接脚都能坐落在各焊垫的中央,而未发生偏滑
允收状况	
	各接脚已发生偏滑,脚跟剩余焊垫的宽度超过接脚本身宽度($\geq W$)
拒收状况	
	各接脚已偏滑出,脚跟剩余焊垫的宽度已小于脚宽($<W$)

7. 零件组装标准——J 形脚零件对准度(见表 11-7)

表 11-7　J 形脚零件的对准度标准

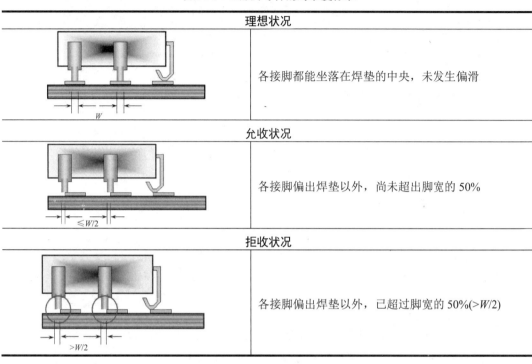

理想状况	
	各接脚都能坐落在焊垫的中央，未发生偏滑
允收状况	
	各接脚偏出焊垫以外，尚未超出脚宽的 50%
拒收状况	
	各接脚偏出焊垫以外，已超过脚宽的 50%($>W/2$)

8. 零件组装标准——QFP 浮起允收状况(见表 11-8)

表 11-8　QFP 浮起允收状况

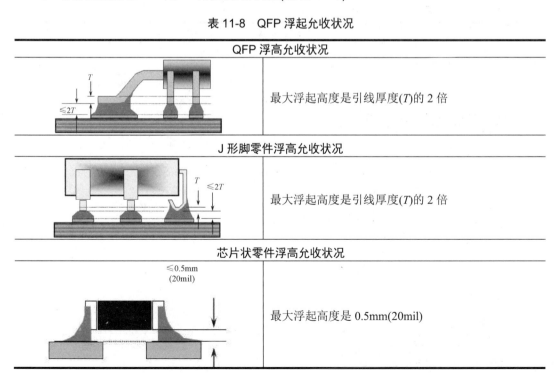

QFP 浮高允收状况	
	最大浮起高度是引线厚度(T)的 2 倍
J 形脚零件浮高允收状况	
	最大浮起高度是引线厚度(T)的 2 倍
芯片状零件浮高允收状况	
	最大浮起高度是 0.5mm(20mil)

9. 焊点性标准——QFP 脚面焊点最小量(见表 11-9)

表 11-9　QFP 脚面焊点最小量标准

理想状况	
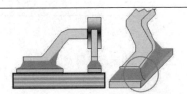	① 引线脚的侧面、脚跟吃锡良好。 ② 引线脚与板子焊垫间呈现凹面焊锡带。 ③ 引线脚的轮廓清楚可见
允收状况	
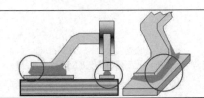	① 引线脚与板子焊垫间的焊锡、连接良好且呈一凹面焊锡带。 ② 锡少，连接很好且呈一凹面焊锡带。 ③ 引线脚的底边与板子焊垫间的焊锡带至少涵盖引线脚的 95%
拒收状况	
	① 引线脚的底边和焊垫间未呈现凹面焊锡带。 ② 引线脚的底边和板子焊垫间的焊锡带未涵盖引线脚的 95% 以上

10. 焊点性标准——QFP 脚面焊点最大量(见表 11-10)

表 11-10　QFP 脚面焊点最大量标准

理想状况	
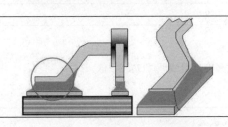	① 引线脚的侧面、脚跟吃锡良好。 ② 引线脚与板子焊垫间呈现凹面焊锡带。 ③ 引线脚的轮廓清楚可见
允收状况	
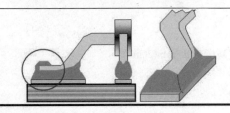	① 引线脚与板子焊垫间的锡虽比最好的标准少，但连接良好且呈一凹面焊锡带。 ② 引线脚的顶部与焊垫间呈现稍凸的焊锡带。 ③ 引线脚的轮廓可见
拒收状况	
	① 圆的凸焊锡带延伸过引线脚的顶部焊垫边。 ② 引线脚的轮廓模糊不清

11. 焊点性标准——QFP 脚跟焊点最小量(见表 11-11)

表 11-11　QFP 脚跟焊点最小量标准

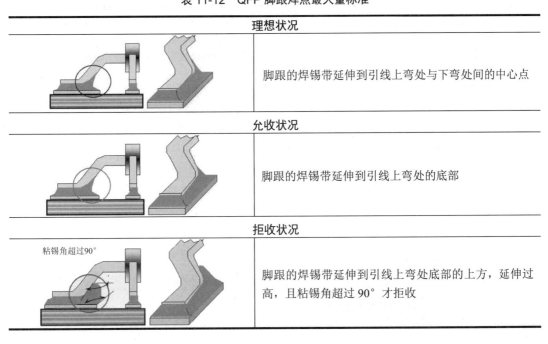

理想状况	
	脚跟的焊锡带延伸到引线上弯处与下弯处间的中心点
允收状况	
	脚跟的焊锡带延伸到引线下弯处的顶部($h \geqslant T/2$)
拒收状况	
	脚跟的焊锡带未延伸到引线下弯处的顶部(零件脚厚度 $T/2$，$h < T/2$)

12. 焊点性标准——QFP 脚跟焊点最大量(见表 11-12)

表 11-12　QFP 脚跟焊点最大量标准

理想状况	
	脚跟的焊锡带延伸到引线上弯处与下弯处间的中心点
允收状况	
	脚跟的焊锡带延伸到引线上弯处的底部
拒收状况	
	脚跟的焊锡带延伸到引线上弯处底部的上方，延伸过高，且粘锡角超过 90° 才拒收

13. 焊点性标准——J 形接脚零件的焊点最小量(见表 11-13)

表 11-13　J 形接脚零件的焊点最小量标准

理想状况	
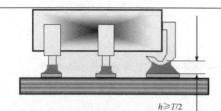	① 凹面焊锡带存在于引线的四侧。 ② 焊带延伸到引线弯曲处两侧的顶部。 ③ 引线的轮廓清楚可见。 ④ 所有的锡点表面皆吃锡良好
允收状况	
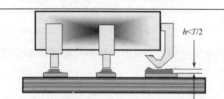	① 焊锡带存在于引线的三侧。 ② 焊锡带涵盖引线弯曲处两侧的 50%以上($h \geqslant T/2$)
拒收状况	
	① 焊锡带存在于引线的三侧以下。 ② 焊锡带涵盖引线弯曲处两侧的 50%以下($h < T/2$)

14. 焊点性标准——J 形接脚零件的焊点最大量(见表 11-14)

表 11-14　J 形接脚零件的焊点最大量标准

理想状况	
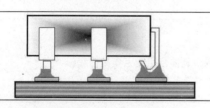	① 凹面焊锡带存在于引线的四侧。 ② 焊锡带延伸到引线弯曲处两侧的顶部。 ③ 引线的轮廓清楚可见。 ④ 所有的锡点表面皆吃锡良好
允收状况	
	① 凹面焊锡带延伸到引线弯曲处的上方,但在组件本体的下方。 ② 引线顶部的轮廓清楚可见
拒收状况	
	① 焊锡带接触到组件本体。 ② 引线顶部的轮廓不清楚。 ③ 锡突出焊垫边

15. 焊点性标准——芯片状零件(三面或五面焊点且高度≤1mm)的最小焊点(见表 11-15)

表 11-15　芯片状零件(三面或五面焊点且高度≤1mm)的最小焊点标准

理想状况	
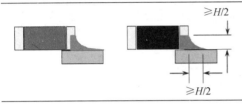	① 焊锡带是凹面并且从焊垫端延伸到组件端的 2/3H 以上。 ② 锡皆良好地附着于所有可焊接面。 ③ 焊锡带完全涵盖着组件端电镀面
允收状况	
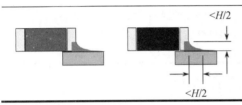	① 焊锡带延伸到组件端的 50%以上。 ② 焊锡带从组件端向外延伸到焊垫的距离为组件高度的 50%以上
拒收状况	
	① 焊锡带延伸到组件端的 50%以下。 ② 焊锡带从组件端向外延伸到焊垫端的距离小于组件高度的 50%

16. 焊点性标准——芯片状零件(三面或五面焊点且高度>1mm)的最小焊点(见表 11-16)

表 11-16　芯片状零件(三面或五面焊点且高度>1mm)的最小焊点标准

理想状况	
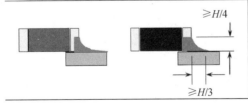	① 焊锡带是凹面并且从焊垫端延伸到组件端的 H/3 以上。 ② 锡皆良好地附着于所有可焊接面。 ③ 焊锡带完全涵盖着组件端电镀面
允收状况	
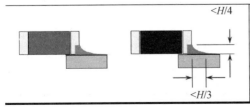	① 焊锡带延伸到组件端的 25%以上。 ② 焊锡带从组件端向外延伸到焊垫的距离为组件高度的 1/3 以上
拒收状况	
	① 焊锡带延伸到组件端的 1/4 以下。 ② 焊锡带从组件端向外延伸到焊垫端的距离小于组件高度的 1/3

17. 焊点性标准——芯片状零件(三面或五面焊点)的最大焊点(见表 11-17)

表 11-17　芯片状零件(三面或五面焊点)的最大焊点标准

	理想状况
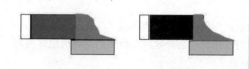	① 焊锡带是凹面并且从焊垫端延伸到组件端的 2/3 以上。 ② 锡皆良好地附着于所有可焊接面。 ③ 焊锡带完全涵盖着组件端电镀面
	允收状况
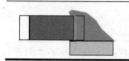 	① 焊锡带稍呈凹面并且从组件端的顶部延伸到焊垫端。 ② 锡未延伸到组件顶部的上方。 ③ 锡未延伸出焊垫端。 ④ 可看出组件顶部的轮廓
	拒收状况
	① 锡已超越到组件顶部的上方。 ② 锡延伸出焊垫端。 ③ 看不到组件顶部的轮廓

18. 焊锡性标准——焊锡性问题(锡珠、锡渣)(见表 11-18)

表 11-18　焊锡性问题

	理想状况
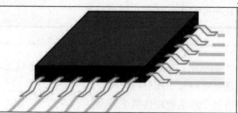	无任何锡珠、锡渣、锡尖残留于 PCB
	允收状况
	零件面锡珠、锡渣直径 D 或长度 $L \leq 5mil$
	拒收状况
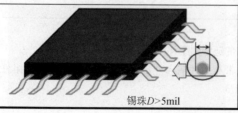	零件面锡珠、锡渣直径 D 或长度 $L > 5mil$

本 章 小 结

　　本章首先介绍了表面组装检测工艺的目的。接着介绍了 SMT 工厂中检测工艺使用的设备——AOI、X-RAY、ICT 检测仪，分析了各种检测设备的优缺点和应用的场合。最后阐述了表面组装检测标准。

思考与练习

1. 表面组装检测工艺的目的是什么？
2. SMT 工厂中常见的检测设备有哪些？
3. X-RAY 检测仪应用在什么场合？能检测出什么缺陷？
4. ICT 检测仪应用在什么场合？能检测出什么缺陷？
5. AOI 检测仪应用在什么场合？能检测出什么缺陷？
6. 写出 3 类表面组装检测标准。

第 12 章

表面组装返修工艺

教学导航

教学目标

- 了解表面组装返修工艺的目的。
- 掌握返修工作台的使用方法。
- 掌握各类元器件的返修方法。

知识点

- 表面组装返修工艺的目的。
- 电烙铁的使用方法。
- 热风枪的使用方法。
- 返修工作台的结构和使用方法。
- 各类元器件的返修方法。

难点与重点

- 返修工作台的结构和使用方法。
- QFP 的返修方法。
- BGA 的返修方法。

学习方法

- 结合时效返修工作台学习 BGA 的返修方法。
- 通过多练习，熟悉使用电烙铁返修各类元器件的方法。

12.1 表面组装返修工艺的目的

表面组装组件(SMA)在焊接之后，会或多或少地出现一些缺陷。在这些缺陷之中，有些属于表面缺陷，影响焊点的表面外观，但不影响产品的功能和寿命，根据实际情况决定是否需要返修。但有些缺陷，如错位、桥连等，能够严重影响产品的使用功能及寿命，这时必须对此类缺陷进行返修或返工。

12.2 表面组装返修工艺使用的设备

1. 电烙铁

1) 电烙铁的结构

手工焊接中最常用的工具就是电烙铁，它的作用是加热焊接部位、熔化焊料，使焊料和被焊金属连接起来。电烙铁的基本机构由发热部分——烙铁芯、储能部分——烙铁头和手柄部分 3 大部分组成。

(1) 内热式电烙铁。内热式电烙铁的外观如图 12-1 所示，其结构如图 12-2 所示。

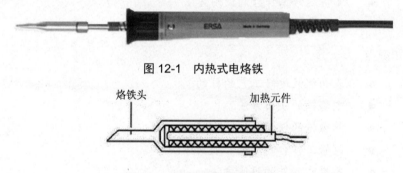

图 12-1　内热式电烙铁

图 12-2　内热式电烙铁的结构

① 结构：加热元件在烙铁头内部，从烙铁头内部向外传热。加热器是用电阻丝缠绕在密闭的陶瓷管上制成的，对电烙铁头直接加热。

② 优点：发热快、体积小、重量轻、耗电量低、能量利用率高，利用率在 85%～90%，20W 的内热式电烙铁实际发热功率与 25～40W 的外热式电烙铁相当。

③ 缺点：加热器制造复杂，烧断后无法修复。

④ 用途：主要用于印制电路板上元器件的焊接。

(2) 外热式电烙铁。外热式电烙铁的外观如图 12-3 所示，其结构如图 12-4 所示。

图 12-3　外热式电烙铁

21世纪高职高专电子信息类实用规划教材

① 结构：加热器是电阻丝缠绕在云母材料上制成。

② 优点：结构简单，价格便宜。

③ 缺点：热效率低，升温慢，体积大。

④ 用途：主要用于导线、接地线和较大器件的焊接。

(3) 吸锡电烙铁。吸锡电烙铁具有吸锡、加热两种功能。先用吸锡电烙铁加热焊点，待焊锡熔化后按动吸锡装置，即可将锡吸走。它是在普通电烙铁上增加吸锡结构而制成的。吸锡电烙铁的外观如图 12-5 所示。

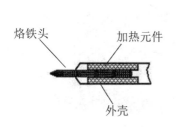

图 12-4　外热式电烙铁的结构

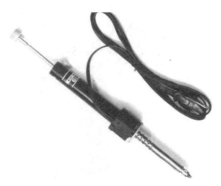

图 12-5　吸锡电烙铁

2) 电烙铁的使用

(1) 使用电烙铁的方法。电烙铁的使用流程如图 12-6 所示。

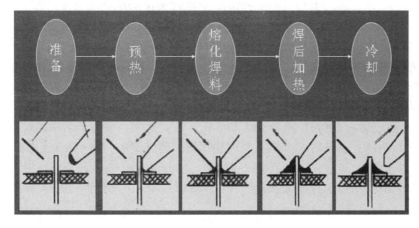

图 12-6　电烙铁使用流程

(2) 合理使用电烙铁应注意以下几点。

① 新烙铁通电前，要先浸松香水。

② 初次使用的电烙铁要先在烙铁头上浸一层锡。

③ 焊接时要使用松香或无腐蚀的助焊剂。

④ 擦拭烙铁头要用浸水海绵或湿布。

⑤ 不要用砂纸或锉刀打磨烙铁头(修整时除外)。

⑥ 焊接结束后，不要擦去烙铁头上留下的焊料。

⑦ 电烙铁外壳要接地，长时间不用时，要切断电源。

⑧ 要常清理外热式电烙铁壳体内的氧化物，防止烙铁头卡死在壳体内。

2. 热风枪

1) 热风枪的结构

热风枪是一种贴片元件和贴片集成电路的拆焊、焊接工具。热风枪主要由气泵、线性电路板、气流稳定器、外壳、手柄组件组成，如图 12-7 所示。

手持式热风枪　　　　　　　　　　热风枪拆焊台

图 12-7　热风枪

2) 热风枪的使用

(1) 正确调节热风枪的温度。如吹焊内联座需要 280～300℃的温度，高了会吹变形座，低了吹不下来。吹焊软封装 IC 就需要 300～320℃的温度，高了容易吹坏 IC，低了吹不下来，且容易毁掉焊盘，造成不能修复的故障。

(2) 正确调节热风枪的风速。初学者使用热风枪时，应该把"温度"和"送风量"旋钮都置于中间位置。

(3) 使用时应垂直于 IC 且在距离元件 1～2cm 的位置均匀移动吹焊，不能直接接触元器件引脚，也不要过远。直到 IC 完全松动方可取下 IC，不然，硬取下会损坏焊盘。

(4) 焊接或拆除元器件时，一次不要连续吹热风超过 20s，同一位置使用热风不要超过3 次。

(5) 使用完或不用时，将温度调到最低、风速调到最大。这样既方便散热又能很快升温使用。

3. 时效返修工作台

1) 时效返修工作台的结构

时效返修工作台的结构如图 12-8 所示。时效返修工作台的部件名称及作用如表 12-1所示。

2) 时效返修工作台的使用

开机，触摸屏就自动上电，显示如图 12-9 所示的界面。

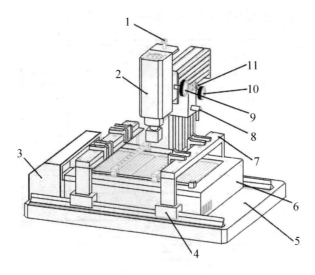

图 12-8　时效返修工作台的结构

表 12-1　时效返修工作台的部件名称及作用

序号	部件名称	说　明
1	Y 方向调整限位	热风喷嘴下止挡块
2	上部加热	主加热热风头
3	散热风扇	下加热区散热
4	轴承座	托板滑动座及 X 向锁紧装置
5	底板	主机基座板
6	下部加热	下部远红外辅助加热区
7	PCB 夹板装置	PCB 定位机构
8	上部旋转锁紧手柄	锁紧热风头旋转
9	Y 方向调节手柄	热风头上下移动手柄
10	Z 方向调节手柄	热风头前后移动手柄
11	Z 方向锁紧螺钉	锁紧热风头前后移动

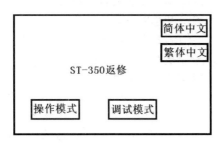

图 12-9　时效返修工作台开机界面

右上角两个按钮的含义如下。

① 简体中文：单击字体改为简体中文，触摸屏上自动选择简体中文。

② 繁体中文：单击字体改为繁体中文。

触摸屏幕任意部分可进入主操作界面，如图 12-10 所示。

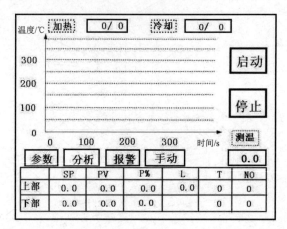

图 12-10　主操作界面

在图 12-10 中：

启动——加热启动/停止按钮，加热完成自动停止。

停止——中途停止加热按钮。

参数——单击切换回主操作界面。

分析——单击下部界面切换为分析界面，如图 12-11 所示。

报警——单击下部界面切换为报警界面，如图 12-12 所示。

手动——单击下部界面切换为手动界面，如图 12-13 所示。

测温——测温线所检测到的温度值。

SP——温度设定值。(只读)

PV——温度实测值。(只读)

P——功率。(上部只读，下部可写)

L——本段温度曲线目标温度值。(可写)

T——本段温度曲线恒温时间。(可写)

NO——显示目前温度曲线运行到的段号。(可写)

冷却——前面显示的是当前冷却所剩余时间。(只读)

　　　　后面显示的是当前冷却总时间。(可写)

加热——前面显示的是当前恒温时间。(只读)

　　　　下面显示的是总的加热时间。(只读)

黄色区域实时显示温度曲线走势图，其中：

横坐标——表示时间。

纵坐标——表示温度。

单击"参数"下方上部、下部字体可以进入曲线参数设置界面，如图 12-15 所示。

在图 12-11 中："预热"温度、"回焊"温度可以由高到低自行设定。当外部测温达到对应的温度后，程序自动统计分析出预热时间、回(流)焊时间及最高测量温度。

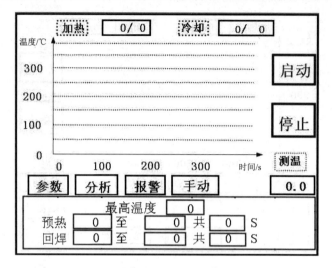

图 12-11 分析界面

在图 12-12 中,右下方空白区域显示报警事件的序号、发生报警的时间及报警内容。

超温 SP:上部风头超温设计。

超温 PV:上部风头超温热电偶检测温度。

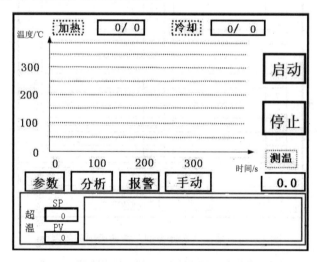

图 12-12 报警界面

在图 12-13 中:

启动冷风——冷却风机启动开关,下沉表示开,复位表示关。

启动真空——真空启动/停止开关,下沉表示启动,复位表示停止。

上部加热——上部风头手动加热控制开关。

下部加热——下部发热板手动加热控制开关。

选择板型——单击可以弹出选型窗口,如图 12-14 所示。

开机界面——单击切换到开机界面。

高级参数——输入正确的密码后,单击切换到高级参数界面。

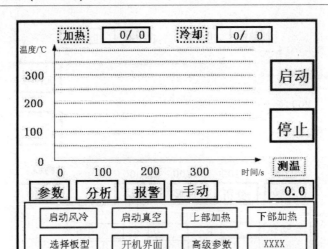

图 12-13　手动界面

在图 12-14 中：单击按钮 1～20 可以直接下载相对应的曲线参数配方，并进行参数设置，如图 12-15 所示。

1	754CPU	12	
2	939CPU	13	
3	775CPU	14	
4		15	
5		16	
6		17	
7		18	
8		19	
9		20	
10		21	
11		22	

启动风冷	启动真空	上部加热	下部加热
选择板型	开机界面	高级参数	XXXX

图 12-14　单击"选择板型"按钮后出现的界面

PCB			喷嘴		X
	1	2	3	4	5	6
R1	0.0	0.0	0.0	0.0	0.0	0.0
L1	0.0	0.0	0.0	0.0	0.0	0.0
T1	0	0	0	0	0	0
P%	0.0	0.0	0.0	0.0	0.0	0.0
T2	0	0	0	0	0	0
初温	0		冷却	0		
选择曲线保存						

图 12-15　温度曲线参数设置界面

21世纪高职高专电子信息类实用规划教材

在图 12-15 中：

PCB——填写 PCB 板的型号。

喷嘴——填写喷嘴大小。

R——代表升温速率，可写。

L——代表恒温温度，可写。

T——代表恒温时间，可写。

P%——代表百分比功率。

初温——设定系统启动加热的开始温度，当底部温度高于此温度时禁止加热。

冷却——代表冷却时间设定。

选择曲线保存——单击此按钮弹出保存曲线界面，如图 12-16 所示。

在图 12-16 中：

保存——单击可以保存目前所用参数，即将图 12-15 中的数据全部保存到图 12-16 中。

下载——单击可以下载配方参数，即将图 12-16 中的数据全部下载到图 12-15 中。

↓——单击此按钮可以向下查看配方参数(1～20 组)。

↑——单击此按钮可以向上查看配方参数(1～20 组)。

NO.1 PCB				喷嘴		X
	1	2	3	4	5	6
R1	0.0	0.0	0.0	0.0	0.0	0.0
L1	0.0	0.0	0.0	0.0	0.0	0.0
T1	0	0	0	0	0	0
P%	0.0	0.0	0.0	0.0	0.0	0.0
T2	0	0	0	0	0	0
初温	0		冷却	0		
保存	下载		↓	↑		

图 12-16 保存曲线界面

【注意】图 12-15 和图 12-16 类似，但有本质区别。图 12-15 中的参数可以通过"保存"传送到图 12-16 中；图 12-16 中的参数可以通过"下载"传送到图 12-15 中。图 12-15 中的参数为 PLC 所有控制的参数，直接影响温度曲线的控制；图 12-16 中的参数仅仅为保存的配方参数，并不起实际的作用，只有下载到图 12-15 中才能起作用。

3) 如何设置一条温度曲线

(1) 开机后，选择"调试模式"，进入如图 12-10 所示的主操作界面。

(2) 单击图 12-10 中的"手动"按钮，进入手动界面，如图 12-17 所示。

(3) 单击图 12-17 中的"选择板型"按钮，进入如图 12-18 所示的界面。

(4) 单击按钮 1～20，可以进入参数设置界面，如图 12-19 所示，在此界面中，可以根据需要设定各个温区的温度值、升温斜率和恒温时间。

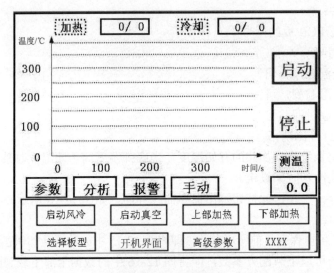

加热
0/ 0
冷却
0/ 0
温度/℃
300
200
100
0
0
100
200
300
时间/s
启动
停止
测温
0.0
参数
分析
报警
手动
启动风冷
启动真空
上部加热
下部加热
选择板型
开机界面
高级参数
XXXX

图 12-17　手动界面

1
754CPU
2
939CPU
3
775CPU
4
5
6
7
8
9
10
11
12
13
14
15
16
17
18
19
20
21
22
启动风冷
启动真空
上部加热
下部加热
选择板型
开机界面
高级参数
XXXX

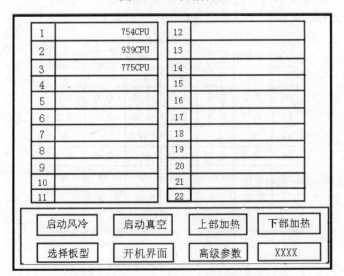

图 12-18　单击“选择板型”按钮后出现的界面

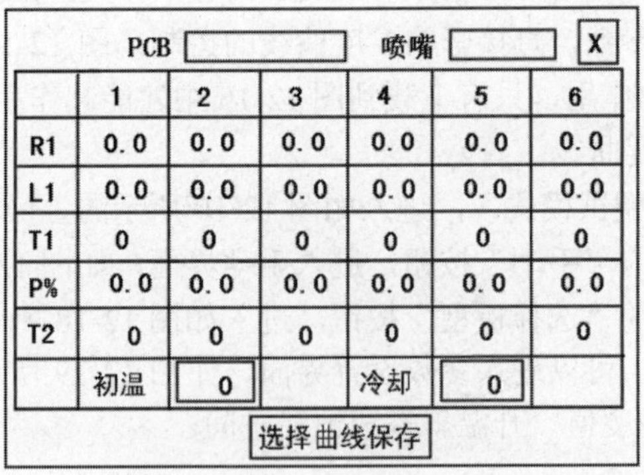

PCB
喷嘴
X
1
2
3
4
5
6
R1
0.0
0.0
0.0
0.0
0.0
0.0
L1
0.0
0.0
0.0
0.0
0.0
0.0
T1
0
0
0
0
0
0
P%
0.0
0.0
0.0
0.0
0.0
0.0
T2
0
0
0
0
0
0
初温
0
冷却
0
选择曲线保存

图 12-19　温度曲线参数设置界面

(5) 参数设定完以后，单击"选择曲线保存"按钮，将出现如图 12-20 所示的界面。

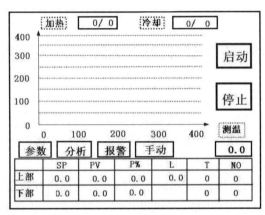

NO.1 PCB		喷嘴			X
	1	2	3	4	5	6
R1	0.0	0.0	0.0	0.0	0.0	0.0
L1	0.0	0.0	0.0	0.0	0.0	0.0
T1	0	0	0	0	0	0
P%	0.0	0.0	0.0	0.0	0.0	0.0
T2	0	0	0	0	0	0
初温	0		冷却	0		
	保存	下载	↓	↑		

图 12-20　保存曲线界面

(6) 单击图 12-20 中的"保存"按钮，然后再单击"下载"按钮，此时出现以下界面，如图 12-21 所示。

图 12-21　主操作界面

(7) 单击"启动"按钮，开始加热。

12.3　各类元器件的返修方法

1. CHIP 元器件的返修方法

(1) 涂敷助焊剂。用细毛笔蘸助焊剂涂在有缺陷的 CHIP 元器件焊点上。

(2) 加热焊点。用马蹄形烙铁头加热元器件两端焊点，加热时间不要太长，以防元器件受热损坏。

(3) 取下元器件。焊点熔化后，用镊子夹持元器件离开焊盘。

(4) 清洗焊盘。待元器件取下后，清除元器件焊盘上残留的焊锡，为焊接做准备。

(5) 焊接元器件。用镊子夹持元器件，将元器件的两个焊端移到相应的焊盘位置上。然后按照手工焊接的正确操作，进行片式元器件的手工焊接。待烙铁头离开焊点后再松开镊子。

返修时注意，CHIP 元器件只能按以上方法修整一次，而且烙铁不能长时间接触两端的焊点，否则容易造成 CHIP 元器件脱帽。

2. SOP 元件的返修方法

(1) 用细毛笔蘸助焊剂涂在器件两侧的所有引脚焊点上。

(2) 用双片扁铲式马蹄形烙铁头同时加热器件两端所有的引脚焊点。

(3) 待焊点完全熔化(数秒)后，用镊子夹持器件立即离开焊盘。

(4) 用普通电烙铁将焊盘和器件引脚上残留的焊锡清洗干净，并弄平整。

(5) 用镊子夹持器件，对准极性和方向，使引脚与焊盘对齐，将 SOP 放置在相应的焊盘上，用电烙铁先焊牢器件斜对角 1～2 个引脚。

(6) 涂助焊剂，从第一条引脚开始按顺序向下缓慢匀速拖拉烙铁，同时加少许直径为 0.5～0.8mm 的焊锡丝，将器件两侧引脚全部焊好。

(7) 检测。

3. QFP 元件的返修方法

(1) 首先检查器件周围有无影响方形烙铁头操作的元件，应先将这些元件拆卸，待返修完毕再焊上将其复位。

(2) 用细毛笔蘸助焊剂涂在器件四周的所有引脚焊点上。

(3) 选择与器件尺寸相匹配的四方形烙铁头(小尺寸器件用 35W，大尺寸器件用 50W)，在四方形烙铁头端面上加适量焊锡，扣在需要拆卸器件引脚的焊点处，四方形烙铁头要放平，必须同时加热器件四端所有的引脚焊点。

(4) 待焊点完全熔化(数秒)后，用镊子夹持器件立即离开焊盘和烙铁头。

(5) 用烙铁将焊盘和器件引脚上残留的焊锡清理干净，并弄平整。

(6) 用镊子夹持器件，对准极性和方向，将引脚对齐焊盘，居中贴放在相应的焊盘上，对准后用镊子按住不要移动。

(7) 用扁铲形烙铁头先焊牢器件斜对角 1～2 个引脚，以固定器件位置，确认准确后，用细毛笔蘸助焊剂涂在器件四周的所有引脚和焊盘上，沿引脚脚趾与焊盘交接处从第一条引脚开始按顺序向下缓慢匀速拖拉，同时加少许直径为 0.5～0.8mm 的焊锡丝，用此方法将器件四侧引脚全部焊牢。

(8) 焊接 PLCC 器件时，烙铁头与器件应成小于 45°的角度，在 J 型引脚弯曲面与焊盘交接处进行焊接。

4. BGA 元件的返修方法——采用时效返修工作台

(1) 预热。PCB 和 BGA 在返修前要先预热，恒温烘箱温度一般设定在 80～100℃，时间为 8～12h，以去除 PCB 和 BGA 内部的湿气，杜绝返修加热时产生爆裂现象。

(2) 拆卸。将 PCB 放到返修站定位支架上，选择合适的热风回流喷嘴，设定合适的焊接温度曲线，启动触摸屏加热按钮，待程序运行结束后，手动移开热风头，然后用真空吸嘴笔将 BGA 吸走。

（3）清理焊盘。在对 PCB 和 BGA 进行焊盘清理时，一是要用吸锡线来拖平；二是要用烙铁头直接拖平。最好在 BGA 拆下的最短时间内去除焊锡，这时 BGA 还没有完全冷却，温差对焊盘的损伤较小，在去除焊锡的过程中使用助焊剂可提高焊锡的活性，有利于焊锡的去除。为了保证 BGA 的焊接可靠性，在清洗焊盘残留焊锡膏时尽量用一些挥发性强的溶剂、洗板水、工业酒精。

（4）BGA 的植珠。

① 选择对应的植珠钢网。

② 将钢网开口与 BGA 焊盘对中。

③ 取下钢网，在 BGA 焊盘上使用毛刷均匀适量涂上助焊锡膏。

④ 重新将钢网放到植珠台上。

⑤ 将锡珠撒在钢网上，完成锡球的放置。

（5）BGA 锡珠焊接。在返修工作台的底部加热区加热，将锡珠焊接在 BGA 的焊盘上。

（6）涂布助焊剂。在 PCB 的焊盘上用毛刷涂上一层助焊锡膏，如涂得过多会造成短路，反之，则容易空焊，所以焊锡膏的涂布要均匀适量，以去除 BGA 锡球上的灰尘和杂质，增强焊接的效果。

（7）贴装。

① 将 BGA 对正贴装到 PCB 上；采用手工对位时，以丝印框线作为辅助对位，锡球与焊盘上的锡面可以通过手感确认 BGA 是否对中贴装，同时使回流熔化时焊点之间的张力产生良好的自对中效果。

② BGA 与焊盘对中以后，在焊接开始前需要将温度传感器放置在 BGA 的下方，以便在焊接开始后检测出 BGA 底部的实时温度值。

（8）焊接。

① 将贴装好的 BGA 的 PCB 放到定位支架上，将热风头下移到工作位置。

② 选择合适的热风回流喷嘴并设定合适的焊接温度曲线。时效返修工作台的参考焊接温度曲线的设定值如表 12-2 所示。

表 12-2　时效返修工作台的参考焊接温度曲线的设定值

上部	R	L	T
①	5	70	40
②	5	240	55
③	5	250	40
④	5	260	30
⑤	5	250	10
⑥	5	270	60
下部	R	L	T
①	20	250	140
②	20	150	20
③	20	250	120

③ 启动触摸屏的加热按钮，运行焊接程序，待程序运行结束后，上方冷却风扇开始对

BGA 进行冷却，此时将上方的热风头提升，使热风喷嘴底部距离 BGA 上表面 8～10mm，并保持冷却 30～40s，或待启动开关灯灭后，移开热风头，再将 PCB 板从下加热区定位架上平稳地取走。

本 章 小 结

本章首先介绍了表面组装返修工艺的目的。接着介绍了 SMT 工厂中返修工艺使用的设备——电烙铁、热风枪、时效返修工作台，阐述了各种返修设备的使用方法及应用场合。最后介绍了 CHIP 元器件、SOP 元器件、QFP 元器件和 BGA 元器件的返修方法。

思考与练习

1. 表面组装返修工艺的目的是什么？
2. 电烙铁的基本机构有哪些？
3. 内热式电烙铁有哪些优缺点？
4. 写出电烙铁的使用流程。
5. 如何合理使用电烙铁？
6. 如何正确使用热风枪？
7. 返修工作台一般应用在什么场合？简述返修工作台的使用步骤。
8. 写出 CHIP 元器件的返修方法。
9. 写出 SOP 元器件的返修方法。
10. 写出 QFP 元器件的返修方法。

第 13 章

SMT 设备的维护与保养

教学导航

教学目标

- 了解 SMT 设备维护与保养的目的。
- 了解 SMT 设备维护与保养计划。
- 掌握印刷机的维护与保养。
- 掌握贴片机的维护与保养。
- 掌握回流焊炉的维护与保养。

知识点

- SMT 设备维护与保养的目的。
- SMT 设备维护与保养计划。
- 印刷机的维护与保养。
- 贴片机的维护与保养。
- 回流焊炉的维护与保养。

难点与重点

- 印刷机的维护与保养。
- 贴片机的维护与保养。
- 回流焊炉的维护与保养。

学习方法

- 结合日立 NP-04LP 印刷机，熟悉印刷机维护与保养的方法。
- 结合 JUKI KE-2060 贴片机，熟悉贴片机维护与保养的方法。
- 结合劲拓 NS-800 热风回流焊炉，熟悉回流焊炉维护与保养的方法。

13.1　SMT 设备维护与保养的目的

SMT 设备维护与保养的目的有以下 3 点。
(1) 保持设备清洁、整齐、润滑良好、安全运行。
(2) 合理的保养与维护可以更好地发挥设备的功能，同时延长设备的使用寿命。
(3) 保证产品质量。

13.2　SMT 设备维护与保养计划

维护与保养的计划可以分为日保养、周保养、月保养、季保养、年保养。
(1) 日保养——每一天为一个保养周期。
(2) 周保养——每一周为一个保养周期。
(3) 月保养——每一个月为一个保养周期。
(4) 季保养——每 3 个月为一个保养周期。
(5) 年保养——每一年为一个保养周期。

13.3　印刷机的维护与保养

1. 日保养

(1) 每天工作前 10 分钟由技术员、指导操作员开始停机做日保养工作。
(2) 用干净白布清洁机器表面的灰尘，包括机身表面、显示器、键盘、鼠标、按键、开关等，必要时用碎布蘸一点儿肥皂水擦拭机器表面，必须要拧干不滴水时才能使用，绝对不允许用酒精、洗板水之类溶剂清洗。
(3) 检测气源系统，看气压是否适当，调整阀门使气压大于 0.45MPa。
(4) 检查印刷工作台，看是否有刮痕、裂痕、脏物，保持印刷工作台清洁。
(5) 检查钢网固定架，保证钢网固定动作正常。
(6) 检查刮刀/刮刀固定架，保证刮刀上无刮伤、无裂痕、无残余焊锡膏。
(7) 检查钢网清洗装置，需要的时候装满溶剂或更换卷纸。
(8) 检查传送导轨，有需要时进行修理。
(9) 日保养注意事项：①检查出异常情况要立即上报技术员处理；②做保养要在停机状态下进行。

2. 周保养

(1) 检查供压系统，检查空气过滤装置内有无积水、污垢、淤塞，如有必要清洁或更换过滤网。
(2) 检查钢网支撑钢框，看滑板部位有无污痕及生锈框架支撑部分有无损伤，必要时应及时清洁及上油。

21世纪高职高专电子信息类实用规划教材

(3) 检查摄像头驱动轴滚珠丝杆、直线导轨，看有无润滑脂以及焊锡膏溅落产生的污垢，必要时及时涂抹润滑脂和清洁污垢。

(4) 检查刮刀驱动部滚珠丝杆、直线导轨，看有无润滑脂以及焊锡膏溅落产生的污垢，必要时及时涂抹润滑脂和清洁污垢。

3. 月保养

(1) 检查摄像头驱动轴滚珠丝杆、直线导轨，看柔性联轴节有无松动、间隙，必要时及时拧紧、更换。

(2) 检查气压系统装置，看汽缸运行是否平稳，必要时及时在活塞上加油。

(3) 检查传送系统，看传动情况，调节皮带松紧或更换。

(4) 检查印刷头，看刮刀的平衡情况，必要时补充润滑脂。

(5) 检查印刷工作台，确认基板边夹的动作，必要时调整气压。

(6) 检查传送系统的基板检测传感器，检查传感器上有无污物，必要时及时清洁。

(7) 检查电气部分，看各部位接线端子、接插件有无松动，必要时及时拧紧松动部位。

(8) 检查视觉系统，确认照明状态，必要时及时更换灯泡。

13.4　贴片机的维护与保养

1. 日保养

(1) 每天工作前 10 分钟由技术员、指导操作员开始停机做日保养工作。

(2) 用干净白布清洁机器表面的灰尘，包括机身表面、显示器、键盘、鼠标、按键、开关等，必要时用碎布蘸一点儿肥皂水擦拭机器表面，必须拧干不滴水时才能使用，绝对不允许用酒精、洗板水之类溶剂清洗。

(3) 检查气压值是否达到 0.5MPa。

(4) 检查 PCB 传送带运转是否顺畅，使用 PCB 进行检验没有卡板即可。

(5) 检查各安全装置是否正常，包括前后安全门、FEEDER 浮高传感器，还要检查区域传感器是否正常，在运行且暂停的状态下试验各传感器的功能在显示屏能否正常显示报警状态。

(6) 用吸尘器清洁机器里面散落的元件。

(7) 用镜头纸清洁激光传感器镜片上的灰尘。

(8) 暖机后，听机器响声是否有异常，未见异常后再开始生产。

(9) 日保养注意事项：①检查出异常情况要立即上报技术员处理；②清理散落元件时不能用风枪吹，以免吹落到机器板卡上，造成电路故障；③做保养要在停机状态下进行；④清洁激光传感器时，不允许用不干净的粗糙的东西擦拭。

2. 周保养

(1) 先做点检，检查配气管及接头是否泄漏，各单元汽缸工作是否正常。

(2) 检查传送带、滑轮、挡片是否损坏，损坏的立即做维护或更换处理。

(3) 从 ATC 上取下所有喷嘴放入超声波内清洗(超声波里加入酒精)，大约 5min 后取出，用风枪吹干净，然后用棉棒蘸上少量 1 号机油涂抹在头部活动插上，注意 505、506、507、508 等胶头吸嘴清洁时务必胶头朝上，并且不能沾上酒精。

(4) 用白布将 ATC 滑块擦干净后，在活动滑块固定螺丝处加上少许 1 号机油。

(5) 用白布条将传送部汽缸、皮带、滑块、宽度调整丝插，擦干净并在挡块、滑轮上加少量 1 号机油，在宽度调整丝插上加少量一层印工黄油。

(6) 用白布条将 XY 线性导轨擦干净并重新加上薄薄的一层印工黄油。

(7) 用镜头纸将偏光滤镜擦干净。

(8) 在 SET UP 内重新测试一次所有吸嘴，并保存退出。

(9) 打开前盖慢速暖机 2min 后，用白布条将多余黄油擦掉。

(10) 周保养注意事项：①注意保养过程中所有皮带都不能沾上油；②吸嘴清洗后不要往里面加太多油；③偏光滤镜不可沾上任何化学溶剂；④ATC 上的吸嘴保养后要放回原来的位置。

3. 月保养

(1) 关闭机器电源。

(2) 用浸有酒精的棉纱擦拭所有工作头偏光滤镜套，更换所有空气过滤器。

(3) 用白布条清洁所有传感器上的灰尘。

(4) 用吸尘器清洁配电箱内的灰尘，必要时逐片清洁板卡，并用清洁剂清洗干净，用风枪吹干后重新装入。

(5) 拆下真空产生器，分解清洁，用白布擦除内部脏油脂，用清洁剂将本体清洁后吹干净，再重新涂抹密封油于密封圈内重新组装好。

(6) 用白布将 X、Y、Z 各轴导轨、丝杆擦干净，除 Z 轴导轨、丝杆需要加 AFL 油外，其他各导轨、滑块加 EP2 黄油。

(7) 拆下鼠标，用白布清洁内部脏物。

(8) 开机做暖机动作 5min，并用白布擦除多余的黄油。

(9) 月保养注意事项：①拆装头部更换过滤棉时不要触碰到偏光滤镜窗口，以免损坏；②所有板卡清洁拆装过程中不要碰到跳线开关；③本保养内容内技术员协助工程师完成。

13.5　回流焊炉的维护与保养

1. 日保养

(1) 检查传送链条是否有润滑脂，必要时及时加润滑脂。

(2) 检查运输网带有无跑边，如果出现跑边及时通知维修人员。

(3) 检查回流焊炉入口网带传动滚轮有无移位，如有移位可按松开螺钉→调整→锁紧螺钉的步骤调整。

(4) 检查回流焊炉出口网带传动滚轮有无松动，如有松动可按松开螺钉→调整→锁紧螺钉的步骤调整。

(5) 检查油杯里高温油是否适量，油面须距杯口 5mm，如有必要及时加高温油。

2. 周保养

(1) 检查运输网带表面有无脏物黏附，如有赃物黏附及时用酒精擦洗。

(2) 检查导轨链条槽内有无异物，如有异物及时拆链条并用酒精擦洗。

(3) 检查运输链从动齿轮的轴承是否灵活，必要时及时加润滑油。

(4) 检查机头部件丝杆表面是否有润滑脂和异物，必要时及时擦拭干净后，加润滑脂。

(5) 检查炉膛内各区整流板上有无助焊剂及灰尘吸附，如有灰尘及时用酒精清洁。

(6) 检查炉膛升降系统的升降马达运转时有无振动、杂音，如有振动或杂音应及时更换。

(7) 检查排风装置的过滤器是否堵塞，如有堵塞情况应用酒精清洁。

(8) 检查冷却系统冷却区整流板上有无助焊剂吸附，如有应及时用酒精清洗。

(9) 检查运输入口光电开关表面有无积尘，如有积尘，应及时用柔软的干抹布擦拭干净。

(10) 检查 PC 以及 UPS 表面是否清洁，如有积尘，应及时用柔软的干抹布擦拭干净。

3. 月保养

(1) 检查运输过程中有无振动、杂音，必要时及时通知维修人员。

(2) 检查运输马达固定螺杆有无松动，如有松动，锁紧螺钉。

(3) 检查传动链条张力是否适度，如有必要及时调整马达定位螺钉。

(4) 检查运输链条上有无焦状物及黑色粉末，如有，应及时拆下用柴油清洗。

(5) 检查活动端轨道内宽度调节同步轴定位，固定块是否松动，如有松动应及时锁紧。

(6) 检查热风马达定位螺丝是否松动，如有松动应及时锁紧。

(7) 检查电气系统的控制箱内有无积尘和异物，如有异物应断电后用同压空气吹出粉尘及异物。

本 章 小 结

本章首先介绍了 SMT 设备维护与保养的目的。接着给出了 SMT 设备维护与保养计划的类别。最后介绍了印刷机的日保养、周保养和月保养的方法及注意事项，介绍了贴片机的日保养、周保养和月保养的方法及注意事项和回流焊炉的日保养、周保养和月保养的方法及注意事项。

思考与练习

1. SMT 设备维护与保养的目的是什么？

2. SMT 设备维护与保养计划有哪些？

3. 如何进行印刷机的日保养、周保养、月保养？

4. 如何进行贴片机的日保养、周保养、月保养？

5. 如何进行回流焊炉的日保养、周保养、月保养？

附录 A

实训项目简介

A.1 实 训 目 的

通过组装 HX-203 调频调幅收音机，体验 SMT 的技术特点，掌握 SMT 技术中的焊锡膏印刷、SMC/SMD 贴片以及回流焊接所用设备和操作方法。

A.2 实训场地要求

SMT 是一项复杂的综合性系统工程技术，涉及基板、元器件、工艺材料、设计技术、组装工艺技术、高度自动化的组装和检测设备等多方面因素，涵盖机、电、气、光、热、物理、化学、新材料、新工艺、计算机、新的管理理念和模式等多学科的综合技术。SMT 生产设备具有全自动、高精度、高速度、高效益等特点，SMT 工艺与传统插装工艺有很大区别，片式元器件的几何形状非常小，组装密度非常高；另外，SMT 的工艺材料如焊锡膏与贴片胶的黏度和触变性等性能与环境温度、湿度都有密切的关系。因此，SMT 生产设备和 SMT 工艺对生产现场的电、气、通风、照明、环境温度、相对湿度、空气清洁度、防静电等条件有专门的要求。

1. 实训厂房承重能力、振动、噪声及防火防爆要求

厂房地面的承重能力应大于 $8kN/m^2$。

振动应控制在 70dB 以内，最大值不应超过 80dB。

噪声应控制在 70dB(A)以内。

SMT 生产过程中使用的助焊剂、清洗剂、无水乙醇等材料属于易燃品，生产区和库房必须考虑防火防爆安全设计。

2. 电源

电源电压和功率要符合设备要求。

电压要稳定，一般要求单相 AC220(220±10%，50/60Hz)，三相 AC380(220±10%，50/60Hz)。如果达不到要求，须配置稳压电源，电源的功率要大于功耗的 1 倍以上。例如，贴装机的功率为 2kW，应配置 5kW 电源。

贴片机的电源要求独立接地，一般应采用三相五线制的接线方法。因为贴片机的运动速度很高，与其他设备接在一起会产生电磁干扰，影响贴片机的正常运行和贴装精度。

3. 气源

要根据设备的要求配置气源的压力，可以利用工厂的气源，也可以单独配置无油压缩空气机。一般要求压力大于 $7kg/cm^2$，要求清洁、干燥的净化空气，因此需要对压缩空气进行去油、去尘和去水处理。最好采用不锈钢或耐压塑料管做空气管道。不要用铁管做压缩空气的管道，因为铁管会生锈，锈渣会进入管道和阀门，严重时会使电磁阀堵塞、气路不畅，影响机器正常运行。

21世纪高职高专电子信息类实用规划教材

4. 排风、烟气排放及废弃物处理

回流焊和波峰焊设备都有排风及烟气排放要求，应根据设备要求配置排风机。对于全热风炉，一般要求排风管道的最低流量值为 500 立方英尺/分钟(14.16m³/min)。

SMT 生产现场的空气污染主要来自波峰焊、回流焊及手工焊时产生的烟尘，烟尘的主要成分为铅、锡蒸气、臭氧化物、一氧化碳等有害气体。其中铅蒸气对人体健康的危害最严重。因此，必须采取有效措施对生产现场的空气进行净化。可在工位上安装烟雾过滤器，将有害气体吸收和过滤掉。对生产中产生的废弃物进行处理，例如，对废汽油、乙醇、清洗液，废弃的焊锡膏、贴片胶、助焊剂、焊锡渣、元器件包装袋等分类收集，交给有能力处理并符合国家环保要求的单位处理。

《工业"三废"排放标准》(GBJ4—1973)：有害物质铅排放浓度小于 $34mg/m^3$。

《工业企业设计卫生标准》(GBZ1—2010)：有害物质铅烟浓度小于 $0.03mg/m^3$。

《大气中铅及其无机化合物的卫生标准》(GB7355—1987)：大气中铅及其无铅化合物的日平均最高容许浓度为 $0.0015mg/m^3$。

5. 照明

厂房内应有良好的照明条件，理想的照明度为 800～1200lx，最少不应低于 300lx。低照明度时，在检验、返修、测量等工作区应安装局部照明。

6. 工作环境

SMT 生产设备是高精度的机电一体化设备，设备和工艺材料对环境的清洁度、温度、湿度都有一定的要求，为了保证设备正常运行和组装质量，对工作环境有以下要求。

工作间保持清洁卫生，无尘土、无腐蚀性气体。空气清洁度为 100000 级《洁净厂房设计规划》(GBJ73—84)；在空调环境下，要有一定的新风量，尽量将 CO_2 含量控制在 1000ppm 以下，CO 含量控制在 10ppm 以下，以保证人体的健康。

环境温度以 25℃±3℃为最佳。一般为 17～28℃，极限温度为 15～35℃(印刷工作间环境温度以 25℃±3℃为最佳)。

相对湿度为 45%～70%RH。

7. SMT 制造中的静电防护要求

随着超大规格集成电路和微型器件的集成度迅速提高，器件尺寸变小和芯片内部栅氧化膜变薄，使器件承受静电放电的能力下降。摩擦起电、人体静电已成为电子工业中的两大危害。在电子产品的生产中，从元器件的预处理、贴装、焊接、清洗、测试直到包装，都有可能因静电放电造成对器件的损害，因此静电防护显得越来越重要。关于静电防护的相关内容见教材第 6 章。

A.3 安 全 生 产

安全生产是指在生产过程中确保产品、设备和人身的安全。对于电子产品的生产工人来说，经常接触的是用电安全问题。人体是可导电的，一旦有电流通过，将会受到不同程度的伤害。由于触电的种类、方式及条件不同，受伤害的后果也不一样。

1. 触电的种类和方式

1) 人体触电的种类

人体触电的种类分为电击和电伤两种。

(1) 电击。是指电流通过人体时所造成的内伤。它可使肌肉抽搐、内部组织损伤，造成发热、发麻、神经麻痹等。严重的会引起昏迷、窒息，甚至心脏停止跳动、血液循环终止等而导致死亡。通常说的触电，就是指遭到电击。触电死亡中绝大部分是电击造成的。

(2) 电伤。是指在电流的热效应、化学效应、机械效应及电流本身作用下造成的人体外伤。常见的有灼伤、烙伤和皮肤金属化等现象。灼伤由电流的热效应引起，主要是电弧灼伤，会造成皮肤红肿、烧焦或皮下组织损伤；烙伤是由电流热效应或力效应引起，使皮肤被电气发热部分烫伤或由人体与带电体紧密接触而留下肿块、硬块，使皮肤变色等；皮肤金属化是由于电流热效应和化学效应导致熔化的金属微粒渗入皮肤表层，使受热部位带金属色且留下硬块。

2) 人体触电的方式

人体触电的方式包括以下几种。

(1) 单相触电。人体的一部分接触带电体的同时，另一部分由于与大地或零线(中性线)相接，电流经人体到达地或零线形成回路，这种触电叫作单相触电。在接触电气线路或设备时，若不采取防护措施，一旦电气线路或设备绝缘损坏漏电，将引起间接的单相触电。若站在地上误触带电体的裸露金属部分，将造成直接的单相触电。

(2) 两相触电。人体不同部位同时接触两相电源带电体而引起的触电叫作两相触电。对于这种情况，无论电网中性点是否接地，人体所承受的线电压都要比单相触电时高，危险性更大。

(3) 悬浮电路上的触电。220V 工频电流通过变压器相互隔离的原、副绕组后，从副绕组输出的电压零线不接地，变压器绕组间不漏电时，即相对于大地处于悬浮状态。若人站在地上接触其中一根带电导线，不会构成电流回路，没有触电的感觉。如果人体一部分接触副绕组的一根导线，另一部分接触该绕组的另一导线，则会造成触电。例如，部分彩色电视机的金属底板是悬浮电路的公共接地点，在接触或检修这类机器电路时，若一只手接触电路的高电位点，另一只手接触低电位点，则人体会将电路连通从而造成触电，这就是悬浮电路触电。

2. 电流伤害人体的因素

表 A-1 列举了不同的电流、电压、频率和触电路径对人体的伤害。

3. 触电的防护措施

(1) 绝缘措施。用绝缘材料将带电体封闭起来的措施，是防护触电事故的重要措施。

(2) 屏护措施。采用屏护装置将带电体与外界隔离，以杜绝不安全因素。常用的屏护装置有护栏、护罩、护盖、栅栏等。

(3) 间距措施。为防止人体或设备触及或过分接近带电体，防止火灾、过压放电及短路事故且操作方便，在带电体与地面之间、带电体与带电体之间、带电体与其他设备之间，均应保持一定的安全间距。

21世纪高职高专电子信息类实用规划教材

(4) 自动断电措施。在带电线路或设备上发生触电事故时，在规定的时间内能自动切断电源而起保护作用的措施。例如，漏电保护、过流保护、过压或欠压保护等。

表 A-1 电流伤害人体的因素

因　　素	内　　容	对人体的伤害
电流大小及时间	0～0.5mA，连续通电	无感觉
	0.5～5mA，连续通电	开始有痛的感觉，无痉挛，可以摆脱电源
	5～30mA，数分钟以后	痉挛，不能摆脱电源，呼吸困难，血压升高，是可以忍受的极限
	30～50mA，数秒到数分钟	心脏跳动不规则，昏迷，血压升高，强烈痉挛，时间过长引起心室颤动
	五十至数百毫安，低于心脏搏动周期	强烈冲击，但未发生心室颤动
	五十至数百毫安，高于心脏搏动周期	昏迷，心室颤动，接触部位留有电流通过的痕迹
	超过数百毫安且触电时间低于心脏搏动周期	在心脏搏动周期特定的相位触电时，发生心室颤动、昏迷、接触部位留有电流通过的痕迹
	超过数百毫安且触电时间高于心脏搏动周期	心脏停止跳动、昏迷，甚至死亡、电灼伤
电压	干燥的环境36V，潮湿环境24V或12V	安全电压
	超过上述值电压	电压越高流经人体的电流越大，对人体的伤害越严重
频率	50～100Hz	对人的伤害最大，死亡率45%
	125Hz	对人的伤害较大，死亡率25%
	200Hz以上	基本上消除了触电危险，有时还可以用于治疗疾病
触电路径	头部触电电流流经脊椎	使人昏迷，还可能导致人肢体瘫痪
	电流流经心脏	最易导致人死亡

4. 触电现场的救护

(1) 发生触电事故时，千万不要惊慌失措，必须以最快的速度使触电者脱离电源。这时最有效的措施是切断电源。在一时无法或来不及寻找到电源的情况下，可用绝缘物(竹竿、木棒或塑料制品等)移开带电体。

(2) 抢救中要记住触电者未脱离电源前，其本身是一带电体，抢救时会造成抢救者触电伤亡，所以要在保证自身不触电的前提下做到尽可能的快。

(3) 触电者脱离电源后，还有心跳和呼吸的应尽快送医院进行抢救。

(4) 如果心跳已停止，应立即采用人工心脏按压法，使患者维持血液循环。若呼吸已停止，应立即采用口对口人工呼吸的方法施救，并同时拨打急救电话。

(5) 心跳、呼吸全停止时，应该同时采用上述两种方法施救，并且边急救边送医院做进一步的抢救。

5. 安全注意事项

(1) 操作带电设备时,注意不要触及非安全电压,更不能用手直接触及带电体以判断是否有电。在非安全电压下作业时,应尽可能用单手操作,脚应站在绝缘的物体上。

(2) 无论永久性还是临时性的电气设备或电动工具,都应接好安全保护地线。

(3) 进行高压实验时,实验场地周围应设有护栏,非试机人员禁止入内,护栏上挂"高压危险"的警告牌。操作者应穿绝缘鞋、戴绝缘手套。

(4) 场地布线要合理。场地的电源符合国家电气安全标准,并在总电源装有漏电保护开关。不能乱拉临时线。保险丝要符合标准。插头、插座要连接良好。带电导体及线头不能裸露在外,必须有良好的绝缘措施。

(5) 注意防火,易燃易爆的物品必须远离高温区,场地内必须有良好的消防设施。

(6) 发现电气设备不正常时,应立即断开开关,进行检修。

(7) 对有静电要求的产品,应做到防静电。例如,操作人员戴防静电手环或安装离子风扇等。

6. 其他伤害的防护

1) 烫伤的预防

烫伤在电子装配操作中发生得较为频繁,这种烫伤一般不会造成严重后果,但会给操作者带来痛苦和伤害,所以要注意下面几点操作规范。

(1) 工作中应将电烙铁放置在烙铁架上,并将烙铁架置于工作台右前方。

(2) 观察电烙铁的温度时,应用电烙铁熔化松香,千万不要用手触摸电烙铁头。

(3) 在焊接工作中要防止被加热熔化的松香及焊锡溅落到皮肤上。

(4) 通电调试、维修电子产品时,要注意电路中发热电子元器件(散热片、功率器件、功耗电阻)可能造成的烫伤。

2) 机械损伤的预防

机械损伤在电子装配操作中较为少见,但违反安全操作规程仍会造成严重的伤害事故,所以要注意下面几点操作规范。

(1) 在钻床上给印制板钻孔时不可以披长发或戴手套操作。

(2) 使用螺丝刀紧固螺钉时,应正确使用该类工具,以免打滑伤及自己的手。

(3) 剪断印制板上元器件的引脚时,应正确使用剪切工具,以免被剪断的引脚飞射并伤及眼睛。

A.4 实 训 器 材

本实训产品共有 33 个表面贴装元器件,有 9 个插装元器件,实训器材清单如表 A-2 所示。

表 A-2　实训器材清单

(1)实训产品中的贴片元器件、插装元器件以及零部件清单	见表 A-3
(2)日立 NP-04LP 印刷机(全班共用)	1 台

续表

(3)JUKI KE-2060 贴片机 (全班共用)	3 台
(4)浩宝 HS-0802 回流焊炉 (全班共用)	1 台
(5)"时效"返修工作台(全班共用)	1 台
(6)手工焊接工具	1 套/人
(7)元件盘、镊子	1 套/人
(8)放大镜台灯(全班共用)	3 个
(9)万用表	1 套/人

表 A-3　实训产品中的贴片元器件、插装元器件以及零部件清单

类　别	位　号	规　格	封装/型号	数　量	备　注
贴片电阻	R1	4.7Ω	0805	1	SMT
	R2	100Ω	0805	1	SMT
	R3	100Ω	0805	1	SMT
	R4	3.3kΩ	0805	1	SMT
	R5	22kΩ	0805	1	SMT
	R6	6.2kΩ	0805	1	SMT
	R7	9.1kΩ	0805	1	SMT
	R8	51kΩ	0805	1	SMT
	R9	OR	0805	1	SMT
	R10	2.2Ω	0805	1	SMT
	R11	10kΩ	0805	1	SMT
	R12	7.5kΩ	0805	1	SMT
	R13	47kΩ	0805	1	SMT
	R14	2kΩ	0805	1	SMT
	L1	4.7kΩ	0805	1	SMT
	L2	10kΩ	0805	1	SMT
贴片电容	C1	105pF	0805	1	SMT
	C2	105pF	0805	1	SMT
	C3	104pF	0805	1	SMT
	C4	105pF	0805	1	SMT
	C5	105pF	0805	1	SMT
	C7	105pF	0805	1	SMT
	C8	222pF	0805	1	SMT
	C9	105pF	0805	1	SMT
	C10	105pF	0805	1	SMT
	C11	105pF	0805	1	SMT
	C12	104pF	0805	1	SMT
	C13	106pF	0805	1	SMT
	C14	105pF	0805	1	SMT
	C21	106pF	0805	1	SMT

类　别	位　号	规　格	封装/型号	数　量	备　注
贴片二极管	D1	SS14		1	SMT
集成电路	U1	AC1082E	SOP	1	SMT
	U2	Cx8002	SOP	1	SMT
印制电路板	PCB			1	
发光二极管	LED1	绿色		1	插件
发光二极管	LED2	红色		1	插件
TF 接口	J1			1	SMT
DC5V 接口	J2			1	SMT
USB 接口	J3			1	SMT
拨动开关	SW1			1	SMT
轻触开关	K1			1	SMT
	K2			1	SMT
	K3			1	SMT
锂电池	CN1	3.7V		1	
扬声器	CN2	4Ω 3W		1	
结构件	扬声器防尘布			1	
	麦克双头线	5P3.5		1	
	外壳			1	
	扬声器支架			1	
	扬声器连接线	150cm		2	
	低音振动片			1	
	音盒			1	
	震动片压框			1	
	按钮			1	
	拨动片开关钮			1	
	金属网罩			1	
	带垫片平头螺丝	$\phi 2.5 \times 6mm$		2	固定扬声器
	自攻螺丝	$\phi 2 \times 6mm$		8	固定压框及音盒
	带垫片自攻螺丝	$\phi 3 \times 12mm$		2	固定电池用
	自攻螺丝	$\phi 2.5 \times 6mm$		4	固定扬声器支架

A.5　实训步骤及要求

实训步骤按图 A-1 所示的实训装配工艺流程进行。

1. 安装前的检查

1) 印制板检查

检查以下内容。

(1) 图形是否完整，有无短、断缺陷。

(2) 孔位及尺寸是否准确。

(3) 表面涂敷(阻焊层)是否均匀。

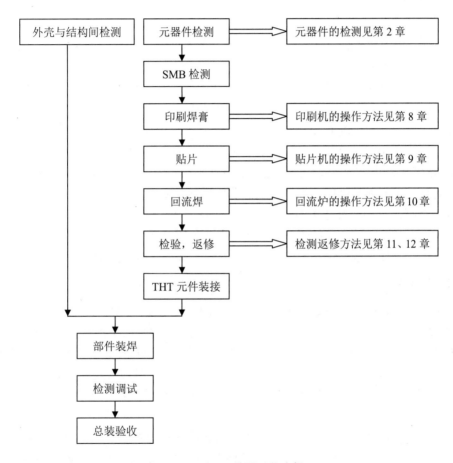

图 A-1   SMT 装配工艺流程

2) 外壳及结构件检查

(1) 按材料表清单检查零件品种、规格及数量。

(2) 检查外壳有无缺陷及外观损伤。

2. 设备就位

各生产设备开启后，若设备中已经存储了对应的生产程序，则直接调用设备内的生产
程序；如果设备中还没有编制对应的程序，则先将程序编制好后再加载到设备中。其中，
使用印刷机时，应保证模板和刮刀安装正确，PCB 和模板对位准确。使用贴片机时，喂
料器上所装元件及其工位正确，贴片头所用吸嘴正确。此外，线体上各传输部分也应调节

适宜。

注意，生产所用的焊锡膏从冰箱内取出后，不要立即开盖，而应将其静置并回温到室温状态。焊锡膏回温至室温状态后，可使用搅拌机或人工搅拌的方式，使其成黏稠状。然后根据印刷量的多少取适量焊锡膏于模板之上。后续生产时，可以使用少量多次的方式补充模板上的焊锡膏用量。开封后的焊锡膏应尽快用完,若在 12h 内未用完(有的焊锡膏为 24h)的，应单独保存且做好使用时间记录并在焊锡膏罐体上标注清楚。

3. SMT 组装

设备及物料均准备完毕后，即可进行产品的 SMT 组装试生产。先启动印刷机中已加载好的印刷程序，由上板机将 PCB 传入印刷机内。待系统检查 PCB 位置无误后，印刷机将按程序中设定的工艺参数将焊锡膏漏印到 PCB 上的焊盘上。待 PCB 传出机器后，检查首件的印刷效果。若印刷效果满足生产要求，即可进行连续生产。反之，须将板上焊锡膏用酒精清洗干净并按第 8 章所介绍的方法对印刷工艺参数进行调试，直到印刷质量符合生产要求。

完成焊锡膏印刷后，PCB 由过桥传入贴片机内。若 PCB 定位无误且喂料器安装到位，则可启程贴装程序进行首件试生产。若首件贴装质量符合要求即可进入连续生产；反之，则应按 12 章所述方法，将有问题的元器件取下并进行手工返修。同时，还应参考第 9 章介绍的方法对系统工艺参数进行调整，直到贴装质量符合要求。

回流焊接时，注意核对选用的炉温曲线波动是否在焊锡膏供应商推荐的炉温曲线窗口范围内。同时，结合首件产品的焊接效果确定是否要调整相关工艺参数。

待全部贴片元件完成贴装后，即需要进入插件和异形 SMT 的组装生产。

4. THT 组装

由表 A-3 可见，待手工组装的插件和异形 SMT 有：发光 LED、TF 接口、DC 5V 接口、USB 接口、拨动开关、轻触开关。进行插装前，应对需要组装的元器件有所熟悉：元器件外观是否完整，插装元器件的规格、数量是否已经齐备，元器件是否有极性，元器件采用立式(轴向)还是卧式(径向)安装，元器件引脚是否需要整形，是否已经确认 IC 类元器件的第一引脚或特征引脚，元器件引脚数量和焊盘数量是否一致，元器件是否有引脚需要进行合并焊接等。

元器件外观、规格、数量等方面的检查只要认真核对技术要求即可筛选出来。

常规有极性的元件有电容、二极管、LED、三极管、IC 类器件等，如表 A-4 所示。

表 A-4 常见有极性的元件

类 型	封 装	元 件 图	丝 印 图	元件识别
钽电容	MLD 模制本体			颜色标记为正
电解 电容	CAE 铝电解电容			黑色标记为负 斜边标记为正

续表

类　型	封　装	元　件　图	丝　印　图	元件识别
二极管	Melf 玻璃二极管			黑色标记为负(色带)
	SOD 模制本体			颜色标记为负
	LED 长方形			表面：绿色为负 背面：三角左边为负
	LED 正方形			缺角为负
IC 类 芯片	SOIC (SOP)			左下角圆形处为 Pin1 左边缺孔下方为 Pin1
	PLCC (SOCKET)			元件缺脚上方 三角为 pin1
	QFP			字符左下圆点标记 为 pin1
	BGA			字符左下圆点标记或色 带标记为 pin1 方向

注 1：如若无法判定其方向时可查看样本或用万用表测量判定，还可查看 PCB 上的印刷字符框有没有缺角标识。

注 2：如若无法判定其方向时，可查看样本或用万用表测量判定。

　　一般说来，对元件进行引脚整型，有利于元器件的焊接，特别在自动焊接时可以防止元件脱落、虚焊，减少焊点修整，并提高元器件的散热性。但引脚成型主要是针对小型元器件而言，大型器件不可能悬浮跨接，必须单独立放并用支架、卡了等固定在安装位置上。

进行元件引脚整型时，加工人员必须熟悉单个元件所要成型元件的形状及品质要求。由于本项目插件采用手工组装的形式，因此元件的整型是手工完成的。成型时，使用镊子进行操作，按照成型条件要求，使用镊子夹住元件引脚端缓慢的向内或向外弯曲，使元件引脚形状、长度、宽度、弧度条件符合文件要求。若在加工过程中发现成型后引脚还是偏长，可以使用剪脚钳将多余的引脚切除。手工成型应注意缓慢操作，防止损坏元件本身结构或引脚断裂。

对于两引脚的元器件，可以采用跨接、立、卧等方法焊接，并要求受震动时不能移动元器件的位置。引脚折弯成型要根据焊点之间的距离，做成需要的形状。两引脚的元器件主要是指电阻、电容、电感、二极管等元件，在成型时可采用立式或卧式，引线折弯处距离根部至少要有 2mm，弯曲半径不小于引线直径的 2 倍，以减小机械应力，防止引线折断或被拔出。图 A-2(a)为卧式安装的元件，图 A-2(b)为立式安装的元件。采用立式安装元件时，h 的值取 2～5mm。

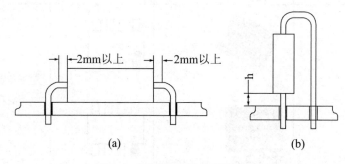

图 A-2　两引脚元器件引脚成型

对于三引脚或多引脚元器件的引脚成型，如图 A-3 所示，要根据焊接的要求进行。一般情况下，这类器件大都是二极管、可控硅或集成电路，其特点是一般受热易损坏，须留有较长的引脚。对于小功率管可采用正装、倒装、卧装或横装等方式。

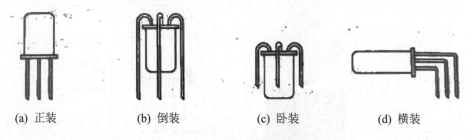

(a) 正装　　　　　(b) 倒装　　　　　(c) 卧装　　　　　(d) 横装

图 A-3　三引脚元器件的成型

对于多引脚(如集成电路)元器件，引脚成型如图 A-4 所示。

筛选好元器件并做好前期的元器件整型工作后，需要根据产品的特点和企业的设备条件安排装配的顺序，并注意以下几个方面。

(1) 如果是手工插装、焊接，应该先安装那些需要机械固定的元器件，如功率器件的散热器、支架、卡子等，然后再安装靠焊接固定的元器件。否则，就会在机械紧固时，使印制板受力变形而损坏其他已经安装的元器件。然后再按先低后高、先易后难的顺序安装其他元件。

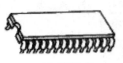

| (a) 直插式 | (b) 表面接触式 | (c) 交错式 | (d) 管式 IC 直插式 |

图 A-4 多引脚元器件的引脚成型

(2) 如果是自动机械设备插装、焊接，就应该先安装那些高度较低的元器件，例如，电路的"跳线"、电阻一类元器件；后安装那些高度较高的元器件，例如，轴向(立式)插装的电容器、晶体管等元器件。对于贵重的关键元器件，例如大规模集成电路和大功率器件，应该放到最后插装。安装散热器、支架、卡子等，要靠近焊接工序。这样不仅可以避免先装的元器件妨碍插装后装的元器件，还有利于避免因为传送系统振动丢失贵重元器件。

(3) 插装时，各元件的标记(用色码或字符标注的数值、精度等)朝上或朝着易于辨认的方向，并注意标记的读数方向一致(从左到右或从上到下)，这样有利于检验人员直观检查；卧式安装的元器件，尽量使两端引线的长度相等对称，把元器件放在两孔中央，排列要整齐；立式安装的色环电阻应该高度一致，最好让起始色环向上以便检查安装错误，上端的引线不要留得太长以免与其他元器件短路。有极性的元器件，插装时要保证方向正确。

(4) 当元器件在印制电路板上立式装配时，单位面积上容纳元器件的数量较多，适合于机壳内空间较小、元器件紧凑密集的产品。但立式装配的机械性能较差，抗震能力弱，如果元器件倾斜，就有可能接触临近的元器件而造成短路。为使引线相互隔离，往往采用加套绝缘塑料管的方法。在同一个电子产品中，元器件各条引线所加套管的颜色应该一致，便于区别不同的电极。因为这种装配方式需要手工操作，除了那些成本非常低廉的民用小产品之外，在档次较高的电子产品中不会采用。

在本项目中，发光 LED、TF 接口、DC 5V 接口、USB 接口、拨动开关、轻触开关等元件需要手工组装，如表 A-5 所示的是这些元件在组装时的一些注意事项或技巧。

表 A-5 手工组装元件的安装技巧或注意事项

元 件 名	图 例	安装技巧或注意事项
TF 接口		因 TF 卡插槽最低，将其第一个安装到 PCB 规定位置处，对应元件标识为 J1。焊接时，先在焊盘和引脚处涂敷助焊剂，再进行焊接
DC 5V 接口		DC 5V 接口即 Mini USB 充电接口，在 TF 卡后进行组装。先将该元件放置到规定位置，对应元件标识为 J2，然后涂敷助焊剂，最后进行焊接

元 件 名	图 例	安装技巧或注意事项
发光 LED	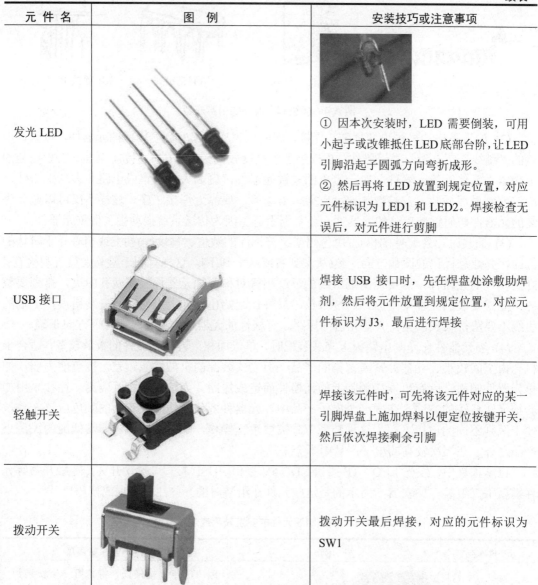	① 因本次安装时，LED 需要倒装，可用小起子或改锥抵住 LED 底部台阶,让 LED 引脚沿起子圆弧方向弯折成形。 ② 然后再将 LED 放置到规定位置，对应元件标识为 LED1 和 LED2。焊接检查无误后，对元件进行剪脚
USB 接口		焊接 USB 接口时，先在焊盘处涂敷助焊剂，然后将元件放置到规定位置，对应元件标识为 J3，最后进行焊接
轻触开关		焊接该元件时，可先将该元件对应的某一引脚焊盘上施加焊料以便定位按键开关，然后依次焊接剩余引脚
拨动开关		拨动开关最后焊接，对应的元件标识为 SW1

5. 产品总装

　　整机装配工艺过程根据产品的复杂程度、产量大小等方面的不同而有所区别。但总体来看，有装配准备、部件装配、整件调试、整机检验、包装入库等几个环节。通过前面的 SMT 组装和 THT 组装，已经完成了装配准备和部件装配的工作，后续还需要把组装好的部件和机壳、面板以及一些结构件安装到指定位置，构成具有一定功能的完整的电子产品。插卡音箱组件安装如表 A-6 所示，总装如表 A-7 所示。

表 A-6 插卡音箱组件安装

序号	操作项目	图 例
1	安放音箱振动膜：将音箱振动膜安装在后盖中，台阶部分向下	
2	安装压片：通过压片上 4 个螺钉孔，将压片固定，进而固定振动膜	
3	安装导线：将两根红色导线从后壳的孔中穿过，接在音箱的两个电极上	
4	后盖与音箱结合，并用 4 个螺钉将两者固定，完成音箱组件的安装	
5	安放电池：从机器的后壳部分开始组装，将电池安装在后壳的卡槽中	

序号	操作项目	图 例
6	固定电池:用两个螺钉将电池固定在机器的后壳部分	
7	焊接导线:将音箱上的两根导线焊接到拨动开关旁的 SP+和 SP-两个空焊盘上	
8	将后壳内电源组件的导线焊接到拨动开关旁的 BATT+和 GND 两个空焊盘上(注意:黑线为电源负极接 GND,红线为电源正极接 BATT+)	
9	检测电路:打开拨动开关,若绿色 LED 灯亮,说明电路连接正确。反之,应对照电原理图,仔细检查电路组件,并进行返修	

表 A-7　插卡音箱总装

序号	操作项目	图 例
1	插装按键:将三联按键插入后壳卡槽之中	
2	将后壳内电源组件的导线焊接到 XX 上(注意:黑线为电源负极,红线为电源正极)	

续表

序号	操作项目	图　例
3	插装 PCB 组件：将 PCB 组件插入后壳对应的卡槽内	
4	插装音箱组件：将音箱组件装入后壳之中	
5	固定音箱：用螺钉将音箱固定在机壳上	
6	安放防尘布：将防尘布放置在音箱上方	
7	盖上防尘罩：将防尘罩盖在防尘布上方，并用力卡紧	

6. 产品检验

待产品装配完成后，还需要对产品整机进行检测，包括外观检测和性能检测两大项目。

外观检测的主要内容有：产品是否整洁，面板、机壳表面的涂敷层及装饰件、标志、铭牌等是否齐全，有无损伤；产品的各种连接装置是否完好、是否符合规定的要求；产品的各种结构件是否与图纸相符，有无变形、开焊、断裂、锈斑；量程覆盖是否符合要求；

装动机结构是否灵活；控制开关是否操作正确、到位等。

性能检验：包括整机电性能和例行试验。电性能检验用于确定产品是否达到国家或行业的技术标准。检验一般只对主要指标进行测试，如安全性能测试、通用性能测试、使用性能测试等。

待各项检测合格后，即可将产品进行包装、存储或运输了。

A.6 实 训 报 告

总结安装、调试过程，并将组装步骤及出现的问题填入实训报告。

A.7 实训产品简介

1. 概述

TY-58A 贴片型插卡音箱主控电路由 AC1082N 及相关器件组成，并有功放、TF 卡、USB 播放等电路组合。

2. 功能

功能介绍：TF 音乐播放；USB 音乐播放；外部音源(AUX)播放；3 种充电方式：连接电脑 USB，充电宝，USB 适配器。

3. 技术参数

锂电池：3.7V，500～1020mA。

输出功率：3W。

频率响应：90～20kHz。

信噪比：8dB。

失真度：0.3%。

4. 使用说明

(1) 按键功能。

SW1：拨往 ON 为开机，拨往 OFF 为关机。

K1：PR/V-(USB、TF 音乐播放模式下短按上一曲，长按音量减：AUX 音乐播放模式下短按无功能，长按音量减)。

K2：NE/V+(USB/TF/FM 音乐播放模式下短按下一曲，长按音量加：AUX，phone 音乐播放模式下短按无功能，长按音量加)。

K3：P/P(USB、TF、AUX 音乐播放模式下短按播放/暂停，长按模式 USB、TF、AUX) 切换。

(2) 接口定义。

UEB：插入 U 盘可播放 U 盘中存入的音乐。

PF：插入 TF 卡可以播放 TF 卡中存入的音乐。

MIC5P：需要使用 3.5+USB 双头线，接 USB 线可以充电。

(3) LED 指示。

LED1 为播放指示灯，播放时慢闪(绿色)。

LED2 为充电指示灯，充电时长亮(红色)。

初次使用前应充足电源，使用中播放音乐断续声则需要充电，充电时拨动开关置 OFF，红灯长亮。

附录 B

SMT 中英文专业术语

A

Accelerated Stress Test 加速应力试验

Acceptable Quality Level(AQL) 允收水平

Action on Output 成品改善

Accuracy 精确度

Acoustic Microscopy 声学显微技术

Activator 活性剂，活化剂

Active Component 有源元件

Adhesive 黏结剂

Advanced Shipment Notification (ASN) 提前装运通知

Air Knife 热风刀

Alloy 合金

Alumina 氧化铝、矾土

Anisotropic Adhesive 各向异性胶

Antimony(Sb) 锑

Antistatic Material 抗静电材料

Aperture 孔径，模板开孔

Aperture File(s) 孔径文件

Application Specific Integrated Circuit (ASIC) 专用集成电路

Aqueous Cleaning 水清洗

Aqueous Flux 水溶性助焊剂

Archimedes Pump 阿基米德泵

Aspect Ratio 宽厚比

Association Connecting Electronics Industries (IPC) 美国电子电路和电子互连行业协会

Auger Pump 螺旋泵

Automatic Optical Inspection(AOI) 自动光学检测

Automatic X-ray Inspection (AXI) 自动 X 射线检测

Auto-Insertion(AI) 自动插件

Automatic Test Equipment(ATE) 自动测试设备

B

Ball Grid Array(BGA) 球栅阵列封装

Ball Pitch 焊球间距

Bar Code 条形码

Bare Board 裸板

Bare Die　裸芯片

Beam Reflow Soldering　光束回流焊

Bill of Material(BOM)　元件清单

Bismuth(Bi)　铋

Blind Via　盲孔

Bonding　键合

Bulk　散装

Bulk Components　散装元件

Bulk Feeder　散装供料器

Bumpered Quad Flat Package(BQFP)　带凸点的四方扁平封装

Bulk Feeder　散件供料器

Bump Chip Carrier (BCC)　凸点芯片载体封装

Buried Via　埋孔

Business Plan　经营计划

C

Calibration　校准

Center Line(CL)　中心线

Centering Jaw　定心爪

Central Processing Unit (CPU)　中央处理器

Ceramic Ball Grid Array(CBGA)　陶瓷球栅阵列封装

Ceramic Column Grid Array (CCGA)　陶瓷柱栅阵列封装

Chemical Tin　化学电镀锡

Chip　芯片

Chip Mounting Technology (CMT)　芯片安装技术

Chip On Board(COB)　板载芯片

Chip Shooter　芯片射片机

Chip Scale Package(CSP)　裸芯片封装

Chip Size Package(CSP)　裸芯片封装

Coefficient of Thermal Expansion(CTE)　热膨胀系数

Cold Solder Joint　冷焊点

Component　元件

Component Camera　元件摄像机

Computer Integrated Manufacturing(CIM)　计算机集成制造

Computer Aided Design(CAD)　计算机辅助设计

Computer Aided Manufacturing(CAM)　计算机辅助制造

Conducting Adhesive　导电胶

Conductive Adhesive　导电胶

Conductor　导线，导体

Conductor Thickness　导线厚度，导体厚度

Conductor Width　导线宽度，导体宽度

Conformal Coating　保形涂层

Contingency Plan　应急计划

Continuous Improvement Plan/Program　持续改进计划/方案

Continual Improvement　持续改善

Contract　合同

Control Limits　管制界限

Control Plan　控制计划

Controlled Collapse Chip Connection (C4)　可控塌陷芯片连接

Controlled Convection　可控对流

Convection　对流

Cool Down　冷却

Cooling Zone　冷却区

Coplanarity　共面度

Copper(Cu)　铜

Copper Clad Laminate (CCL)　覆铜箔层压板

Copper Mirror Test　铜镜测试

Corrosion Test　腐蚀性测试

Cost of Poor Quality　不良质量成本

Count by Pieces　计件

Count by Points　计点

Critical Process Characteristics　关键制程特性

Critical Product Parameter　关键产品特性

Curing　固化

Cycle Time　循环时间

D

Debug　调试

Defects Per Million (DPM)　百万缺陷率

Defects Per Million Opportunity (DPMO)　每百万机会缺陷数

Defects Per Unit Control Chart　单位缺点数管制图

Defects Per Unit　单位缺点数

Defect Parts Per Million Control Chart　每百万缺点数管制图

Defect Rate　缺陷率

21世纪高职高专电子信息类实用规划教材

Degree Celsius   摄氏度

Delamination   分层

Delta T   温度差

Design for Assembly (DFA)   装配性设计

Design for Cost (DFC)   成本设计

Design for Manufacture (DFM)   可制造性设计

Design for Testability (DFT)   可测试性设计

Design of Experiment (DOE)   实验设计

Design Record   设计记录

Design-Responsible Suppliers   设计责任供方

Desoldering   拆焊

Dwell Time   停留时间

Dewetting   去湿

Dip Soldering   浸焊

Discrete Component   分立元件

Dispenser   滴涂器

Dispensing   滴涂

Distribution   分配

Documentation   文件

Double Layer PCB   双层 PCB 板

Double Layer Printed Circuit Board   双层印制电路板

Double Sided Reflow Soldering   双面回流焊

Dross   浮渣

Dry Out Procedure   烘干工序

Dry-Pack   干燥封装

Dry Run   空转

Dual Wave Soldering   双波峰焊

Due Care   安全关注

Dummy Component   非功能模块

E

Edge Conveyor   料架尾端/边缘传输带

Electroless Nickel-Immersion Gold (ENIG)   化学镀镍-金

Electromagnetic Compatibility (EMC)   电磁兼容性

Electromagnetic Interference (EMI)   电磁干扰

Electromagnetic Relay (EMR)   电磁继电器

Electron Migration (EM)   电子迁移

Electronic Iron   电烙铁

Electronics Manufacturing Services (EMS)   电子制造服务业

Electronic Design Automatization (EDA)   电子设计自动化

Electrostatic Discharge(ESD)   静电释放

ESD Safe Workstation   静电安全工作区

Electrostatic Discharge Protected Area (EPA)   防静电工作区

Emergency Stop Switch   紧急停止开关

Engineering Approved Authorization   工程批准的授权

English Unit   英制单位

Epoxy Resin (EP)   环氧树脂

Equipment   设备

Equipment Variation   仪器变异

Erasable Programmable Read Only Memory (EPROM)   可擦可编程只读存储器

Estimated Process Percent Defectives   估计不良率

Estimated Standard Deviation   估计标准差

Estimated Average   估计平均数

Etched Stencil   蚀刻模板

Etching   蚀刻

Eutectic Solder Alloy   共晶焊料

Executive Responsibility   执行职责

F

Failure Analysis (FA)   失效分析

Failure Mode and Effects Analysis (FMEA)   失效模式及后果分析

Feasibility   可行性

Feeder   供料器

Feeder Holder   供料器架

Fiducial Camera   基准点照相机

Fiducial Mark   基准点

Field Effect Transistor (FET)   场效应管

Fillet   焊角

Fine Pitch   细间距

Fine Pitch Ball Grid Array(FPBGA)   细间距球栅阵列封装

Fine Pitch Device (FPD)   细间距器件

Fine Pitch Placer   细间距贴片机

Fine Pitch Quad Flat Package(FPQFP)   细间距四方扁平封装

Fine Pitch Technology(FPT)   细间距技术

Finite Element Analysis (FEA)　有限元分析

First Pass Yield　首次检查通过率

First in First out (FIFO)　先进先出

Flex PCB　柔性印制电路板

Flip-Chip(FC)　倒装芯片

Flood Bar　溢流棒

Floor Life　现场使用寿命

Flow Soldering　流动性焊接

Flux　助焊剂

Flux Activation Temperature　助焊剂活化温度

Flux Activity　助焊剂活性

Fluxer　助焊剂涂敷系统

Flying　飞片

Flying Probe Test　飞针测试

Foam Fluxer　发泡式助焊剂涂敷系统

Forced Convection　强迫对流

Forced Convection Furnace　强迫对流炉

Forced Convection Oven　强迫对流炉

Foot Length　引脚长度

Foot Width　引脚宽度

Footprint　焊盘丝印图形

FR2　苯酚基底材料的 PCB 层压板

FR4　环氧玻璃纤维 PCB 层压板

Functional Test (FT)　功能测试

Functional Verification　功能验证

G

Gauge　仪器设备、治具

General Equipment Module(GEM)　通用设备模块

Glass Fiber　玻璃纤维

Glass Transition Temperature(Tg)　玻璃化转变温度

Global Fiducial Marks　整板基准标记点

Global Positioning System (GPS)　卫星全球定位系统

Gold(Au)　金

Golden Board　镀金板

GRR Study　仪器设备能力研究

Gull Wing Lead　欧翼型引脚

H

Halide　卤化物

Halide Content　卤化物含量

Hand Soldering　手工焊

Hard Disc Drive (HDD)　硬盘驱动器

Heating Zone　加热区

High Density Interconnection (HDI)　高密度互连

High Density Packaging (HDP)　高密度封装

High Speed Placement Equipment　高速贴片机

Histogram　直方图

Hot Air Leveling (HAL)　热风整平

Hot Air Reflow Soldering　热风回流焊

Hot Air Solder Leveling (HASL)　热风整平

Hot Plate Reflow Soldering　热板回流焊

Humidity Indicator Card (HIC)　湿度指示卡

Hybrid Integrated Circuit (HIC)　混合集成电路

I

Immersion Silver　浸银

Immersion Tin　浸锡

In Circuit Test (ICT)　在线测试

Indium(In)　铟

Individual　个别值

Individual-Moving Range Control Chart　个别值-移动全距管制图

Inert Gas　惰性气体

Information about Performance　绩效报告

Infrared(IR)　红外线

Infrared Reflow Soldering (IRS)　红外回流焊

Inherent Process Variation　固有制程变异

Inner Layer　内层

Insufficient Solder　焊料不足

Integrated Circuit (IC)　集成电路

Intelligent Feeder　智能供料器

Intermetallic Layer　金属间化合物层

Ion Cleanliness　离子洁净度

Ionic Contaminant　离子污染物

21世纪高职高专电子信息类实用规划教材

J

J Lead　J 型引脚

Job Instruction　作业指导书

Joint　焊点

K

Known Good Board (KGB)　优质板

Known Good Module (KGM)　合格组件

L

Laboratory　实验室

Laboratory Scope　实验室范围

Land　焊盘

Land Pattern　焊盘图形

Large Component Mounter　大元件贴片机

Large Scale Integration (LSI)　大规模集成电路

Large Scale Integrated Circuit (LSIC)　大规模集成电路

Laser Cut Stencil　激光切割的模板

Laser Reflow Soldering　激光回流焊

Last off Part Comparison　末件比较

Layout Inspection　全尺寸检验

Lead(Pb)　铅

Lead　引脚

Lead Bent　引脚弯曲

Lead Coplanarity　引脚共面性

Lead-Free　无铅

Lead-Free Solder　无铅焊料

Lead-Free Soldering　无铅焊

Leadless Ceramic Chip Carrier (LCCC)　陶瓷无引脚芯片载体封装

Leadless Component　无引脚元件

Lead Pitch　引脚间距

Light Emitting Diode (LED)　发光二极管

Liquid Flux　液体助焊剂

Liquidus Temperature　液相温度

Local Fiducial Marks　局部基准点

Location　中心位置

Lower Control Limit (LCL)　管制下限

Long Term Process Capability Study　长期制程能力研究

Lower Specification Limit (LSL)　规格下限

Low Speed Placement Equipment　低速贴片机

M

Main Menu　主菜单

Manual Assembly　手工组装

Mass Soldering　群焊

Matrix Tray　矩阵形托盘

Median　中位数

Median-Range Control Chart　中位数-全距管制图

Mean Time between Failure (MTBF)　平均故障间隔时间

Mean Time to Failure (MTF)　平均故障时间

Measurement System Error　量测系统误差

Melting Point　熔点

Mesh Screen　丝网

Mesh Size　网孔数目/网孔大小

Metal Content　金属含量

Metal Electrode Leadless Face(MELF)　金属电极无引脚端面

Metal Stencil　金属模板

Metric Unit　公制单位

MicroBGA　微间距的 BGA

Microelectronics Packaging Technology (MPT)　微组装技术

Micro Pitch Technology　微间距技术

Mistake Proofing　防错

Mixed Lot　混批

Moisture Barrier Bag (MBB)　防潮湿包

Moisture Sensitive Device(MSD)　湿敏器件

Mounter　贴片机

Multichip Module (MCM)　多芯片组件

Multichip Package (MCP)　多芯片封装

Multilayer PCB　多层印制电路板

Multilayer Ceramic Capacity (MLC)　多层片状瓷介电容器

Multilayer Printed Circuit Board   多层印制电路板
Multi-disciplinary Approach   多方论证方法

N

Nickel(Ni) 镍
Nitrogen(N_2) 氮气
No-Clean   免清洗
No-Clean Flux   免清洗助焊剂
No-Clean Solder Paste   免清洗焊锡膏
No-Clean Soldering   免清洗焊接
Nominal   标称植
Non-wetting   不润湿
Normal Distribution   常态分配
Nozzle   吸嘴
Number of Defectives Control Chart   不良数管制图
Number of Defects Control Chart   缺点数管制图
Number of Defectives   不良数
Number of Defects   缺点数

O

Off-line Programming   离线编程
Operational Performance   运行业绩
Optic Correction System   光学校准系统
Organic Acid Flux(OA) 有机酸性助焊剂
Organic Solderability Preservative (OSP)   有机可焊性保护剂/有机耐热预焊剂
Original Equipment Manufacturer (OEM)   设备承包制造商
Out of Control   不在管制状态下
Over Molded Plastic Array Carrier(OMPAC) 模压树脂封装
Over Adjustment   过度调整
Oxidation   氧化

P

Package in Package Stacking (PIP)   封装堆叠封装
Package on Package (POP)   封装上堆叠封装

Packaging Density　组装密度

Pad　焊盘

Panel　拼板

Pareto Diagram　柏拉图

Part　部件/元件

Parts Per Million(PPM)　百万分之一

Passive Component　无源元件

Paste Application Inspection　施膏检验

Paste In Hole Reflow Soldering　通孔回流焊

Paste Working Life　焊锡膏工作寿命

Paste Separating　焊锡膏分层

Paste Shelf Life　焊锡膏储存寿命

PCB Support　印刷电路板支架

Peak Temperature　峰值温度

Percent Defectives　不良率

PH　测量液体酸碱度的计量单位

Pick and Place(P&P)　贴装

Pick and Place Head (P&P Head)　贴片头

Pick and Place Process　贴装工艺

Pin Grid Array (PGA)　针栅阵列封装

Pin-in-Hole Reflow (PIHR)　通孔回流焊

Pin In Paste Reflow Soldering　通孔回流焊

Pin Transfer Dispensing　针式转印

Piston Pump　活塞泵

Pitch　间距

Placement　贴片

Placement Accuracy　贴装精度

Placement Equipment　贴片机

Placement Head　贴片头

Placement Inspection　贴装后检验

Placement Pressure　贴装压力

Placement Program　贴片程序

Placement Speed　贴装速度

Placer　贴片机

Plastic Ball Grid Array(PBGA)　塑封球栅阵列封装

Plastic Leaded Chip Carrier(PLCC)　塑封有引脚芯片载体封装

Plastic Surface Mount Component (PSMC)　塑封表面组装元件

Plated Through Hole (PTH)　电镀通孔

Poisson Distribution　卜氏分析

Polyimide (PI) 聚酰亚胺

Poor Wetting 弱润湿

Popcorning 爆米花现象

Post-soldering Inspection 焊后检验

Preform 预成型

Preheat 预热

Predictive Maintenance 预见性维护

Premium Freight 超额运费

Preventive Maintenance 预防性维护

Precise Placement Equipment 精密贴片机

Precision 精密度

Printed Circuit Board(PCB) 印刷电路板

Printed Circuit Board Assembly(PCBA/PCA) 印刷电路板组件

Printed Wiring Board (PWB) 印制线路板

Printing Process 印刷工艺

Printing Speed 印刷速度

Process Control 制程控制

Profiler 回流焊炉温测试仪

Procedure 工序

Process Audit 过程审核

Process Flow Diagram Flow Chart 过程流程图

Process Capability 制程能力

Process Capability Chart 制程能力图

Process Performance Index 制程绩效指数

Product 产品

Product Realization 产品实现

Product Audit 产品审核

Project Management 项目管理

Population 群体

Percent Defectives Control Chart 不良率管制图

Process Capability Chart 制造流程图

Q

Quad Flat No Lead (QFN) 方形扁平无引脚封装

Quad Flat Package(QFP) 四方扁平封装

Quality Function Deployment (QFD) 质量功能展开

Quality Manual 质量手册

R

Random Access Memory (RAM)　随机存取存储器

Range　全距

Rational Subgrouping　合理的分组

Read Only Memory (ROM)　只读存储器

Repeatability　再现性

Reflow Furnace　回流焊炉

Reflow Oven　回流焊炉

Reflow Period　回流焊阶段

Reflow Process　回流焊工艺

Reflow Soldering　回流焊接

Reflow Temperature　回流焊温度

Reaction Plan　反应计划

Remote Location　外部场所

Repeatability and Reproducibility Studies　重复性和再现性研究

Reproducibility　再生性

Relative Humidity (RH)　相对湿度

Reliability　可靠性

Repair　返修

Repeatability　可重复性

Resin　树脂

Resolution　分辨率

Rework　返修

Rework Process　返修工艺

Rework Station　返修工作站

Rheology　触变性

RoHS　限制在电气电子设备中使用某些有害物质的指令

Rosin　松香

Rosin Flux(R)　松香助焊剂

Rosin Activated(RA)　活性松香助焊剂

Rosin Mildly Activated(RMA)　中等活性松香助焊剂

Root Mean Square(RMS)　均方根

Run Chart　制程能力图

S

Sample　样本

Sampling　抽样

Scanning Electron Microscope (SEM)　扫描电子显微镜

Scooping　刮

Screen Mesh　丝网

Screen Printing　丝网印刷

Selective Wave Soldering　选择性波峰焊

Self-Alignment　自对准

Semi-aqueous Cleaning　半水清洗

Separation Speed　分离速度

Shelf Life　储存期限

Short　短路

Shrink Small Outline Package(SSOP)　收缩型小外形封装

Short Term Process Capability Study　短期制程能力研究

Single Layer PCB　单层印制电路板

Single Layer Printed Circuit Board　单层印制电路板

Silver(Ag)　银

Simple Random Sampling　简单随机抽样

Single Chip Package (SCP)　单芯片封装

Site　现场

Skew　偏移

Skewness　偏态

Slump　塌陷

Slump Test　塌陷测试

Small Scale Integration (SSI)　小规模集成电路

Small Outline(SO)　小外形

Small Outline Diode(SOD)　小外形二极管

Small Outline Integrated Circuit(SOIC)　小外形集成电路

Small Outline J-lead Package(SOJ)　小外形 J 型引脚封装

Small Outline Package(SOP)　小外形封装

Small Outline Transistor(SOT)　小外形晶体管

Snap Off Distance　印刷间距

Soak Period　保温阶段

Solder　焊料

Soldering　软钎焊接

Solderability　可焊性

Solder Alloy　焊料合金

Solder Ball　焊料球

Solder Bead　焊锡珠

Solder Bridge　桥连

Solder Joint　焊点

Solder Mask　阻焊膜

Solder Pad　焊盘

Solder Paste　焊锡膏

Solder Paste Slump　焊锡膏坍塌

Solder Paste Viscosity　焊锡膏黏度

Solder Pot　锡锅

Solder Powder　焊料粉末

Solder Preform　焊料预成型

Solder Wire　焊锡丝

Solid Flux　固态助焊剂

Solidus Temperature　固相温度

Solvent　溶剂

Special Cause　特殊原因

Specification Limits　规格界限

Spray Fluxer　喷射式助焊剂涂敷系统

Squeegee　刮刀

Stabilization Period　保温阶段

Static Dissipative Material　静电消散材料

Static Shielding Material　静电屏蔽材料

Static Sensitivity Device (SSD)　静电敏感器件

Statistical Process Control(SPC)　统计制程控制

Statistical Process Control and Diagnosis (SPCD)　统计过程控制与诊断

Stencil　模板

Stencil Printing　模板印刷

Stick　棒状包装

Stick Feeder　棒式供料器

Stage Random Sampling　分段随机抽样

Stability　稳定性

Stratified Lot　分层批

Stratified Random Sampling　分层随机抽样

Standard Deviation　标准差

Stratification　分层分析

Stringing 拉丝

Substrate 基板

Subgroup Median 组中位数

Subcontractor 分承包方

Subcontractor Development 分承包方的开发

Subgroup Standard Deviation 组标准差

Subgroup Average 组平均数

Super Large Scale Integration (SLSI) 超大规模集成电路

Supplier 供方

Surface Insulation Resistance (SIR) 表面绝缘电阻

Surface Insulation Resistance Test 表面绝缘电阻测试

Surface Mount Assembly (SMA) 表面组装组件

Surface Mount Board (SMB) 表面组装印制电路板

Surface Mount Component(SMC) 表面组装元件

Surface Mounted Device(SMD) 表面组装器件

Surface Mount Equipment Manufacturers Association(SMEMA) 表面组装设备制造商协会

Surface Mount Relay (SMR) 表面组装继电器

Surface Mount Switch (SMS) 表面组装开关

Surface Mount Technology(SMT) 表面组装技术

Surface Tension 表面张力

Swimming 自对准

Synthetic Activated Flux 合成活性助焊剂

Systematic Sampling 系统抽样

System in Package (SIP) 系统级封装

System on a Chip (SOC) 单片系统

T

Tact Time 贴装周期

Target 中心值

Tape 编带

Tape and Reel 编带包装

Tape Carrier 载带

Tape Cover 盖带

Tape Automated Bonding(TAB) 载带自动键合

Tape Ball Grid Array (TBGA) 载带球栅阵列封装

Tape Feeder 带式供料器

Tape Pitch 载带上元件之间的间距

Tape Width　载带宽度

Teach Mode Programming　示教编程

Tender　投标

Tempering　干预

Temperature Profile　温度曲线

Terminal　引线端

Tin(Sn)　锡

Thermal Cycle Test (TCT)　热循环测试

Thin Quad Flat Package(TQFP)　薄型四方扁平封装

Thin Shrink Quad Flat Package(TSQFP)　薄型收缩四方扁平封装

Thin Shrink Small Outline Package(TSSOP)　薄型收缩小外形封装

Thin Small-Outline Package(TSOP)　薄型小外形封装

Thixotropy　触变性

Through Hole Technology (THT)　通孔插装技术

Through Hole Component (THC)　通孔插装元件

Through Hole Device (THD)　通孔插装器件

Time Above Liquidus　液态时间

Tomb Stoning　立碑

Tooling Hole　工艺孔

Tool/tooling　工具/工装

Total Process Variation　总制程变异

Total Quality Management (TQM)　全球质量管理

Total Variation　总变异

Total Average　总平均数

Touch Less Centering　非接触对中

Touch-Up　补焊

Tray　托盘

Tray Elevator　托盘升降机

Tray Feeder　托盘供料器

Tray Handler　托盘操纵器

Trend Chart　推移图

Tube　管状包装

Tube Feeder　管状供料器

Turret Head　转塔头

U

Ultra Fine Pitch (UFP) 超细间距
Ultra Large Scale Integration (ULSI) 甚大规模集成电路
Under Control 管制状态下
Under Filling 底部填充
Uniform Distribution 均匀分配
Ultraviolet(UV) 紫外光
Upper Control Limit(UCL) 管制上限
Upper Specification Limit(USL) 规格上限

V

Vapor Phase Soldering(VPS) 气相焊
Variable Data 计量值
Variation 变异
Variation between Groups 组间变异
Variation within Group 组内变异
Very Large Scale Integration (VLSI) 超大规模集成电路
Via Hole 过孔
Vibrating Feeder 振动式供料器
Viscosity 黏性
Vision Centering 视觉对中
Visual Inspection (VI) 目检
Void 孔洞
Volatile Organic Compound(VOC) 挥发性有机化合物

W

Wafer Level Processing (WLP) 晶圆级封装
Waffle 华夫盘
Waffle Tray 华夫盘
Water Soluble Flux 水溶性助焊剂
Wave Soldering 波峰焊
Wedge Bonding 楔形键合
Wetting 润湿

Wetting Balance   润湿平衡仪
WEEE   电子设备废物处理法案
Wicking   芯吸
Wire Bonding(WB)   引线键合
Wrist Strap   手腕带

X

X-axis   X 轴
X-Ray   X 射线

Y

Yield Control Chart   良率管制图
Y-axis   Y 轴

Z

Z-axis   Z 轴

21世纪高职高专电子信息类实用规划教材

附录 C

IPC 标准简介

IPC(美国电子电路和电子互连行业协会)成立于 1957 年，当时称为印制电路学会。1977 年，IPC 的名称修改为电子电路互连和封装学会(Institute for Interconnecting and Packaging Electronic Circuits)，以进一步反映与电子互连行业相应的种类繁多的产品。1998 年，IPC 名称再次做了更改，即美国电子电路和电子互连行业协会(Association Connecting Electronics Industries)，从而表明 IPC 成立后 40 多年来赢得的国际知名度，并凸显 IPC 服务于电子互连行业的各个技术领域。

IPC 是国际性的行业协会，由 300 多家电子设备与印制电路制造商，以及原材料与生产设备供应商等组成。IPC 每个月会通过互联网发布一些有关标准的测定、修改或进展的信息。IPC 采用会员制，想要加入 IPC 的公司或个人只要交纳一定的会费，就可以以较低的价格购买标准，及时得到标准的修订信息等。IPC 会员公司的行业领域包括印制电路行业、电子组装行业以及设计行业。目前，IPC 拥有约 2300 多家会员公司，它们代表着当今电子互连行业所有的领域。IPC 的会员公司分布在全球近 50 个国家和地区，这些会员公司既有员工人数仅 25 名的，也有全球知名的公司。人们几乎每天都在使用他们的产品。

IPC 的关键标准有电子组件的可接受性 IPC-A-610C/D、焊盘设计 IPC-7351、表面组装设备性能检测 IPC-9850、印制板和电子组装件的修复与修正 IPC-7721、电子组装件的返工 IPC-7711、试验方法手册 IPC-TM-650、术语和定义 IPC-50 等。IPC 的标准涉及 PCB 的设计、元件贴装、焊接、可焊性、质量评估、组装工艺、可靠性、数量控制、返工及测试方法等。

下面列出了与 SMT 相关的部分 IPC 电子组装标准，如表 C-1 所示。

表 C-1　与 SMT 相关的部分 IPC 标准目录

模块	标准代号	标准名称
基础	IPC-T-50F	Terms and Definition for Interconnecting and Packaging Electronic Circuits 电子电路互连与封装的定义和术语
	IPC-S-100	Standards and Specifications Manual 标准和详细说明汇编手册
	IPC-E-500	Electronic Document Collection 已出版的 IPC 标准电子文档资料合订本
	IPC-TM-650	Test Methods Manual 试验方法手册
SMT 生产物料	IPC-M-109	Component Handling Manual 元件处理手册
	IPC/JEDEC J-STD-033A	Handling, Packaging, Shipping and Use of Moisture/Reflow Sensitive Surface Mount Devices 对湿度、回流焊敏感表贴元器件的处置、包装、运输和使用
	IPC-DFM-18F	Component Identification Desk Reference Manual 零件分类标识手册
	IPC-SM-780	Component Packaging and Interconnecting with Emphasis on Surface Mounting 以表面贴装为主的元件封装及互连规则

模块	标准代号	标准名称
SMT 生产物料	IPC/EIA J-STD-012	Implementation of Flip Chip and Chip Scale Technology 倒装芯片及芯片级封装技术的应用
	IPC-SM-784	Guidelines for Chip-on-Board Technology Implementation 芯片直装技术实施导则
	IPC/EIA J-STD-026	Semiconductor Design Standard for Flip Chip Applications 倒装芯片用半导体设计标准
	IPC/EIA J-STD-027	Mechanical Outline Standard for Flip Chip and Chip Size Configurations FC(倒装片)和 CSP(芯片级封装)的外形轮廓标准
	IPC/EIA J-STD-028	Performance Standard for Construction of Flip Chip and Chip Scale Bumps 倒装芯片及芯片级凸块结构的性能标准
	J-STD-013	Implementation of Ball Grid Array and Other High Density Technology 球栅阵列(BGA)及其他高密度封装技术的应用
	IPC-7095	Design and Assembly Process Implementation for BGAs 球栅阵列的设计与组装过程的实施
	IPC/EIA J-STD-032	Performance Standard for Ball Grid Array Balls BGA 球形凸点的标准规范
	IPC-PD-335	Electronic Packaging Handbook 电子封装手册
	IPC-M-106	Technology Reference for Design Manual 设计技术手册
	IPC-4101A	Specifications for Base Materials for Rigid and Multilayer Printed Boards 刚性及多层印制板用基材规范
	IPC-QE-605A	Printed Board Quality Evaluation Handbook 印制板质量评价
	IPC-2220	Design Standard Series 设计标准系列手册
	IPC-2221A	Generic Standard on Printed Board Design 印制板设计通用标准
	IPC-2222/3	Sectional Standard on Rigid Organic/Flexible Printed Boards 刚/柔性印制板设计分标准
	IPC-2224	Sectional Standard of Design of PWB for PC Card PC 卡用印制电路板设计分标准
	IPC-7351	Generic Requirements for Surface Mount Design and Land Pattern Standard 表面贴装设计和焊盘图形标准通用要求
	IPC-PE-740	Troubleshooting for Printed Board Manufacture and Assembly 印制板制造和组装的故障排除
	IPC-6010 Series	IPC-6010 Qualification and Performance Series IPC-6010 印制电路板质量标准和性能规范系列手册
	IPC-6011	Generic Performance Specification for Printed Boards 印制板通用性能规范

模块	标准代号	标准名称
SMT生产物料	IPC-6016	Qualification & Performance Specification for High Density Interconnect (HDI) Layers or Boards 高密度互连(HDI)层或印制板的鉴定与性能规范
	IPC-6012A-AM	Qualification and Performance Specification for Rigid Printed Boards Includes Amendment 1 刚性印制板的鉴定与性能规范(包括修改单 1)
	IPC-HM-860	Specification for Multilayer Hybrid Circuits 多层混合电路规范
	IPC-D-322	Guidelines for Selecting Printed Wiring Board Sizes Using Standard Panel Sizes 使用标准印制板尺寸的印制板尺寸选择指南
	IPC-ML-960	Qualification and Performance Specification for Mass Lamination Panels for Multilayer Printed Boards 多层印制板的内层的鉴定与性能规范
	IPC-SM-817	General Requirements for Dielectric Surface Mounting Adhesives 表面组装用介电黏结剂通用要求
	IPC-CA-821	General Requirements for Thermally Conductive Adhesives 导电胶黏结剂通用要求
	IPC-3406	Guidelines for Electrically Conductive Surface Mount Adhesives 表面组装导电胶使用要求
	IPC-SM-840C	Qualification and Performance of Permanent Solder Mask – Includes Amendment 永久性阻焊剂的鉴定及性能(包括修改单 1)
	IPC/EIA J-STD-004	Requirements for Soldering Fluxes-Includes Amendment 1 助焊剂要求(包括修改单 1)
	IPC/EIA J-STD-005	Requirements for Soldering Pastes-Includes Amendment 1 焊锡膏技术要求(包括修改单 1)
	IPC/EIA J-STD-006	Requirements for Electronic Grade Solder Alloys and Fluxes and Non-Fluxed Solid Solders 电子设备用电子级焊料合金、带助焊剂及不带助焊剂整体焊料技术要求
	IPC-HDBK-840	Guide to Solder Paste Assessment 焊锡膏性能评价手册
	IPC/EIA J-STD-001C	Requirements for Soldered Electrical & Electronic Assemblies 电气与电子组装件锡焊要求
来料检验	IPC-MI-660	Incoming Inspection of Raw Materials Manual 原材料接收检验手册
	IPC-A-600F	Acceptability of Printed Boards 印制板验收条件
	IPC-9252	Guidelines and Requirements for Electrical Testing of Unpopulated Printed Boards 未组装印制板电测试要求和指南

模块	标准代号	标准名称
	IPC-QL-653A	Certification of Facilities that Inspect/Test Printed Boards, Components & Materials 印制板、元器件及材料检验试验设备的认证
可焊性试验	IPC/EIA J-STD-002B	Solderability Tests for Component Leads Terminals and Wires 元件引脚、焊端、焊片、接线柱以及导线可焊性试验
	IPC/EIA J-STD-003	Solderability Tests for Printed Boards 印制板可焊性试验
	IPC-TR-462	Solderability Evaluation of Printed Boards with Protective Coatings Over Long-term Storage 带保护性涂层印制板长期储存的可焊性评价
	IPC-TR-464	Accelerated Aging for Solderability Evaluations 可焊性加速老化评价
	IPC-TR-465-1/2/3	Round Robin Test on Steam Ager Temperature Control Stability 蒸汽老化器温度控制稳定性联合试验
	SMC-WP-001	Soldering Capability White Paper Report 可焊性工艺导论
SMT生产工艺	IPC-CM-770D	Component Mounting Guidelines for Printed Boards k 印制板元件组装导则
	IPC-9261	In-Process DPMO and Estimated Yield for PWAs 印制板组装过程中每百万件缺陷数及合格率估计
	IPC/WHMA-A-620	Requirements and Acceptance for Cable and Wire Harness Assemblies 电缆和引线贴装的要求和验收
	IPC-9850-K	Surface Mount Placement Equipment Characterization-KIT 表面贴装设备性能检测方法的描述
	IPC-9850-TM-KW	Test Materials Kit for Surface Mount Placement Equipment Standardization 表面贴装设备性能测试用的标准工具包
	IPC-7530	Guidelines for Temperature Profiling for Mass Soldering (Reflow & Wave) Processes 群焊(回流焊和波峰焊)过程温度曲线指南
	IPC-9701	Performance Test Methods and Qualification Requirements for Surface Mount Solder Attachments 表面组装焊接件性能试验方法与鉴定要求
	IPC-TP-1090	The Layman's Guide to Qualifying New Fluxes 新型助焊剂雷氏选择法
	IPC-TR-460A	Trouble-Shooting Checklist for Wave Soldering Printed Wiring Boards 印制板波峰焊故障排除检查表
	IPC-TA-772	Technology Assessment of Soldering 锡焊技术精选手册
	IPC-9502	PWB Assembly Soldering Process Guideline for Electronic Component 电子元件的印制板组装焊接过程导则

模块	标准代号	标准名称
SMT 辅助工艺	IPC-7711	Rework of Electronic Assemblies 电子组装件的返工
	IPC-7721	Repair and Modification of Printed Boards and Electronic Assemblies 印制板和电子组装件的修复和修正
	IPC-M-108	Cleaning Guides and Handbook Manual 清洗导则与手册
	SMC-WP-005	PCB Surface Finishes 印制电路板表面清洗
	IPC-SM-839	Pre and Post Solder Mask Application Cleaning Guidelines 焊接前、后阻焊膜的清洗指南
	IPC-CH-65A	Guidelines for Cleaning of Printed Boards & Assemblies 印制板及组装件清洗导则
	IPC-SA-61	Post Solder Semi-aqueous Cleaning Handbook 锡焊后半水溶剂清洗手册
	IPC-AC-62A	Aqueous Post Solder Cleaning Handbook 锡焊后水溶液清洗手册
电子组装	IPC-A-610C/D	Acceptability of Electronic Assemblies 印制板组装件验收条件(锡铅/无铅)
	IPC-HDBK-610	Handbook and Guide to IPC-A-610 IPC-610 手册和指南
	IPC-EA-100-K	Electronic Assembly Reference Set 电子组装成套手册
	IPC-DRM-53	Introduction to Electronics Assembly Desk Reference Manual 电子组装基础介绍手册
	IPC-M-103	Standards for Surface Mount Assemblies Manuals 所有 SMT 标准合订本
	IPC-M-104	Standards for Printed Board Assembly Manual 10 种常用印制板组装标准合订本
	IPC-TA-723	Technology Assessment Handbook on Surface Mounting 表面组装技术精选手册
	IPC-S-816	SMT-Process Guideline & Checklist 表面组装技术过程导则及检核表
管理	IPC-9191	General Guidelines for Implementation of Statistical Process Control (SPC) 实施统计过程控制的通用导则
	IPC-9199	Statistical Process Control (SPC) Quality Rating 统计分析控制
	IPC-ESD-20-20	Association Standard for the Development of an ESD Control Program 静电释放控制过程(由静电释放协会制定)

参 考 文 献

[1] 吴兆华，周德俭. 表面组装技术基础[M]. 北京：国防工业出版社，2001.

[2] 贾忠中. SMT 工艺质量控制[M]. 北京：电子工业出版社，2007.

[3] 何丽梅. SMT——表面组装技术[M]. 北京：机械工业出版社，2006.

[4] 李江蛟. 现代质量管理[M]. 北京：中国计量出版社，2002.

[5] 黄永定. SMT 技术基础与设备[M]. 北京：电子工业出版社，2007.

[6] 龙绪明. BGA/CSP 焊接和光学检查[J]. 电子工业专用设备，2003.

[7] 周德俭，吴兆华. 表面组装工艺技术[M]. 北京：国防工业出版社，2002.

[8] 任博成，刘艳新. SMT 连接技术手册[M]. 北京：电子工业出版社，2008.

[9] 宣大荣. 袖珍表面组装技术(SMT)工程师使用手册[M]. 北京：机械工业出版社，2007.

[10] 顾霭云. 表面组装技术(SMT)基础与可制造性设计(DFM)[M]. 北京：电子工业出版社，2008.

[11] 黄永定. SMT 技术基础与设备[M]. 北京：电子工业出版社，2006.

[12] 江苏 SMT 专委会. 焊锡膏印刷品质与控制[Z]. 苏州：江苏 SMT 专委会，2003.

[13] 张文典. 实用表面组装技术[M]. 北京：电子工业出版社，2006.

[14] 曹白杨. 电子组装工艺与设备[M]. 北京：电子工业出版社，2007.

[15] IPC-A-610D，IPC-9850，IPC-7711，IPC-7721，IPC-7351，IPC-SM-782 等有关标准[S].

[16] 王卫平. 电子产品制造技术[M]. 北京：清华大学出版社，2005.

[17] 江苏省 SMT 专业委员会. SMT 工程师使用手册[S]. 苏州：江苏省 SMT 专业委员会，1999.

[18] 韩光兴. 电子元器件与使用电路基础[M]. 北京：电子工业出版社，2005.

[19] 吴懿平. 电子组装技术[M]. 武汉：华中科技大学出版社，2006.

[20] 祝瑞花. SMT 设备的运行与维护[M]. 天津：天津大学出版社，2009.

[21] 朱桂兵. 电子制造设备原理与维护[M]. 北京：国防工业出版社，2011.

[22] 日立 NP-04LP 全自动网板印刷机用户手册，熊猫日立科技有限公司.

[23] 日立 NP-04LP 全自动网板印刷机维护手册，熊猫日立科技有限公司.

[24] 高速 FLEX 贴片机 KE-2050/KE-2060 操作手册，JUKI 株式会社.

[25] 浩宝 HS-0802 无铅焊接热风回流焊炉用户手册，浩宝自动化设备有限公司.